倡导自由探究

鼓励学术争鸣

活跃学术氛围

促进原始创新

新观点新学说学术沙龙文集⑥⑨

稀土资源绿色高效高值化利用

中国科协学会学术部　编

中国科学技术出版社

·北京·

图书在版编目(CIP)数据

稀土资源绿色高效高值化利用/中国科协学会学术部编.
—北京:中国科学技术出版社,2013.7
(新观点新学说学术沙龙文集;69)
ISBN 978 - 7 - 5046 - 6397 - 9

Ⅰ. ①稀…　Ⅱ. ①中…　Ⅲ. ①稀土金属 - 矿产资源
综合利用 - 研究 - 中国　Ⅳ. ①TG146.4

中国版本图书馆 CIP 数据核字(2013)第 163633 号

选题策划	赵　晖
责任编辑	赵　晖　夏凤金
责任校对	凌红霞
责任印制	张建农

出　　版	中国科学技术出版社
发　　行	科学普及出版社发行部
地　　址	北京市海淀区中关村南大街 16 号
邮　　编	100081
发行电话	010 - 62173865
传　　真	010 - 62179148
投稿电话	010 - 62103182
网　　址	http://www.cspbooks.com.cn

开　　本	787mm × 1092mm　1/16
印　　张	9.5
印　　数	1—2000 册
版　　次	2013 年 10 月第 1 版
印　　次	2013 年 10 月第 1 次印刷
印　　刷	北京长宁印刷有限公司

书　　号	ISBN 978 - 7 - 5046 - 6397 - 9/TG · 18
定　　价	18.00 元

序

    中国科协第 69 期新观点新学说学术沙龙于 2012 年 11 月 17～19 日在北京大学稀土材料化学及应用国家重点实验室举行。

    本次学术沙龙得到了中国科协的大力支持和热情指导,中国科协学会学术部副部长刘兴平同志亲自到会,介绍了学术沙龙的背景和宗旨,并以录像形式为与会者介绍了学术沙龙的成功案例,不仅启发了大家的思想,也为参会者提供了可供借鉴的榜样。

    作为承办单位,中国稀土学会精心策划、精心组织、精心选题,精选了稀土科学和技术发展及展望作为本次沙龙的主题,林东鲁秘书长、牛京考和张安文副秘书长不仅亲自为沙龙服务,还作为专家参与了讨论,这也为本次沙龙的成功举办奠定了基础。

    本次沙龙的讨论内容涵盖稀土资源、采选、冶炼、加工和应用的重点科技领域和完整产业链。与会者围绕着我国稀土资源的绿色、高效和高值化利用,稀土在功能材料和器件中的应用前沿,稀土相关的新材料探索、新原理器件创新和新应用领域拓展,以及与稀土资源利用和功能材料及器件制备相关的环境和生态问题等开展了热烈的讨论。

    沙龙讨论中一扫以往学术讨论时常见的德高望重者定调、中年学术带头人附和、青年英才噤声的会风,与会者虽有年龄长幼之区别,但绝无学术观点讨论中的权威和新手之分,大家均采用短时发言,相互启发甚至诘问的方式,使相关学术发展领域的轮廓更加清晰、所需研究的问题更加明确。

    更令我感动的是,包括黄春辉、费维扬、沈保根、高松院士在内的近 40 位老中青科学家齐聚一堂,老先生们也都坚持全程参会,其间积极发言和讨论,这就为沙龙的讨论无形中树立了榜样。

    虽然学术沙龙结束已有时日,而沙龙讨论中的场景依然历历在目。更为重要的是,由沙龙讨论产生的新观点、新学说和新思想已经体现于国家相关部门的重大科技规划和产业发展计划中。

　　我想,真正的新观点和新学说,一定会在这样的学术讨论中经过碰撞、提炼和升华后形成完整和完善的新思想体系,成为一个领域的研究和开发指南,这就是中国科协这一系列学术沙龙的宗旨和美丽所在吧!

2013 年 1 月 30 日

目　　录

会议时间

2012 年 11 月 18 日上午

会议地点

北京大学化学院 A 楼 717 会议室

主持人

严纯华

严纯华：

　　欢迎大家参加由中国科协主办，中国稀土学会承办的第 69 期新观点新学说学术沙龙，本次沙龙的主题是"稀土资源绿色高效高值化利用"。参加本次沙龙的除了行业专家，还有媒体朋友。近年来，关于稀土的问题，特别是稀土的有效利用方面，越来越受到关注。希望大家畅所欲言，既讨论行业问题，又向大众传达行业的发展预期。

白云鄂博矿床的高效和绿色开采
◎杨占峰

1. 白云鄂博矿床资源介绍

白云鄂博矿是一个以铁、稀土及铌为主的多元素共生矿床,产于元古界白云鄂博群上部的白云岩或白云岩与矽质板岩的接触处。矿区内铁、稀土及铌的矿化规模较大,自西向东分布有5个主要矿体:西矿、主矿、东矿、东介勒格勒和东部接触带。对东介勒格勒已进行了详细勘查,对东部接触带仅做了普查地质工作。

白云鄂博矿矿石性质十分复杂,已发现有71种元素,具有或可能有综合利用价值的元素有26种,形成各种矿物170种,其中铁矿物5种,稀土矿物12种,钛矿物5种,锆矿物2种,钍矿物2种,铍矿物1种。

1978年4月10日内蒙古自治区冶金局批准了包钢地质队于1976~1977年编制的《白云鄂博铁矿主东矿储量计算说明书》,批准了主东矿总量。

中国有色金属工业总公司地质勘探局于1991年8月15日以中色内地地字(91)第148号文批准该报告中提交的普查区(48~96线)储量,认为该储量可以作为进一步地质工作的依据。

白云鄂博主、东矿的稀土资源中,有一半以上与铁矿伴生,多年来随着铁矿的开发利用,选铁尾矿中的稀土除一部分进入稀土选矿和生产流程外,3/4以上进入到尾矿坝,并得以富集、存留和保护。

2. 白云鄂博矿床开采现状

目前,白云鄂博开采方针是以铁为主,综合利用。其具体体现在:①矿体圈定以铁为主;②境界圈定以铁为主;③生产组织以铁为主;④选矿工艺先铁后稀土。

综合利用的办法是分采分堆,即在开发中保护。目前主东稀土选矿已实现产业化。富集稀土的选铁尾矿堆存于尾矿库(铁矿伴生稀土矿),异体共生的稀土白云岩堆置于有用岩排土场。

西矿目前未进行稀土选矿,含稀土尾矿堆置于尾矿库(铁矿伴生稀土矿),稀土白云岩堆置于有用岩排土场(异体共生稀土矿)。尾矿在白云矿区就地排尾。采用尾矿浓缩堆放工艺,俗称"干堆法"。

3. 对白云鄂博矿床高效和绿色开采的认识

(1)从地质角度看,白云鄂博矿床世界独一无二。从矿物性质角度看,"贫、杂、细"应改为"大、多、富"。

从资源战略角度看,白云鄂博独特的资源是国家的战略资源,要站在国家的利益上去评价其开发和利用的经济价值。

(2)目前,普遍认为白云鄂博稀土储量很大,且白云鄂博稀土矿是轻稀土,但白云鄂博重稀土含量到底有多少,却很少受到关注。白云鄂博某些重稀土元素要比南方离子型矿(品位 0.1%)中的重稀土含量还要高。

4. 对几个说法的意见

以铁为主,综合利用。1963 年 4 月 15～28 日,在北京由国家科委、冶金部、中国科学院共同主持召开了"包头矿综合利用和稀土应用工作会议"(即"4·15"会议)。在那个时候,包钢第一次设计就是 300 万钢铁。钢铁对我们中华人民共和国成立初期的贡献非常大,那个时候没有以稀土为主、综合利用,最后定下来是以铁为主、综合利用,绝对是对的。因为当时我们对稀土无论从选矿、分离,还是冶炼和应用开发都还很不成熟。然而,50 多年过去了,现在的情况已发生了根本变化,稀土和稀有矿产资源越来越宝贵,铁的价值对白云鄂博矿来说只是一部分,白云鄂博全面综合利用会带来更大的经济效益。因此,只有从开采方针、保护环境、节约资源等观念上改变和重新认识,才能制定出正确的开采和利用方针。

5. 资源勘查中存在的问题

（1）矿床查明资源总量巨大，但资源尚未完全控制。

（2）共伴生矿产种类多，但未全部查清。

对白云鄂博矿所做的研究工作主要是在两个时期，一个是 20 世纪 60 年代，即 1966 年之前；第二个是改革开放初期。这两个时期，许多国有科研院所做了大量工作，这些院所改制以后都不再做了。所以，现在只能到档案室去查过去的研究成果，近 20 年来基本没有新的进展，现在其资源状况和利用情况还有大量工作需加紧研究。

严纯华：

你对南北方部分稀土矿配分及含量的分析提出了一个全新的思想，从这里可以看到我们现在强调重稀土的时候，把重心全部压在了南方离子型矿上，把白云鄂博矿当成了是没有重稀土的。这个观点我觉得非常有见地。

杨占峰：

从统计结果看，白云鄂博矿中不仅有重稀土，而且有些稀土元素含量比南方离子型重稀土的含量还要高。

严纯华：

从这个角度来说，是不是为刚才你说到的"以铁为主"这样一个思想提供了更多的反例？应该是为"以稀土为主"的开发思想提出了更坚实的支撑。

黄春辉：

这个系统拿到重稀土了没有？过去一直没有拿到？

杨占峰：

拿到了，钐、铕、钆及后面的重稀土全部分离生产。

黄春辉：

大家做工作提出来的,这个公司拿到宝贝了。

林东鲁：

还不能那么说,过去都说没有,实际他提出了包钢人的新认识。至于如何做,我们自己看,然后适当时候我们就要说了。

杨占峰：

现在我们开出稀土含量很高的稀土矿堆在那里不用,而别的地方却用很不环保的方法在大量开采低品位的浅表层。

林东鲁：

我们一直把含铁不多的稀土矿全部堆,以利于今后的利用。

杨占峰：

再一个是综合利用,环境保护。这个事情任重道远,钍、铌还没得到利用。白云鄂博矿的氟一部分存在于稀土精矿,但大部分还是以氟化钙的形式存在,也没得到利用。

严纯华：

对他这些观点,包括一些数据,如果还有一些不完全理解的地方,咱们可以讨论。

包头稀土矿物的高效与绿色选冶途径

◎吴文远

包头矿是世界最大的稀土资源,属于典型的含铁、稀土、钍等资源的共生复杂矿,其中铁、稀土和钍含量分别为34%、5%~6%和0.02%。目前,包头稀土矿的选矿流程主要采用长沙矿冶研究院、包头稀土研究院和广州有色金属研究院等单位共同开发的弱磁—强磁—浮选联合选矿技术,稀土精矿采用北京有色金属研究总院开发的浓硫酸高温焙烧工艺。上述两项技术为包头矿稀土的大规模生产奠定了基础。冶炼过程所产生的含氟、硫废气和高氨氮及高盐碱废水以末端治理方式加以处理,成本较高,难以彻底治理,其他氟、磷、铌、钪、钙等典型非稀土元素尚未回收。更为严峻的是,废渣中的放射性钍未加回收,形成了重大污染隐患。如何提高包头矿及其尾矿稀土和伴生资源的利用率,从源头消除污染,实现资源利用的清洁化和尾矿无害化,是包头稀土资源利用中的国家目标。

1. 亟待解决的问题

为实现包头稀土资源高效绿色选冶必须解决如下问题:

(1)尾矿坝的容量有限,应使资源综合利用,减少或不排尾矿。

(2)包头稀土精矿处理过程中氟回收率低,磷进渣没回收,浪费了资源,对环境产生了不利影响。

2. 从强磁尾矿中回收铁和稀土的现状

针对上述问题,目前研究的主要方法是磁化焙烧提铁:北京科技大学、东北大学、内蒙古科技大学等均以碳为还原剂,在高温下焙烧,目的在于将尾矿中赤铁矿还原为磁铁矿,同时稀土和铌在弱磁选尾矿中富集。弱磁铁矿磁化焙烧提铁过程中主要矿相变化如图1所示。

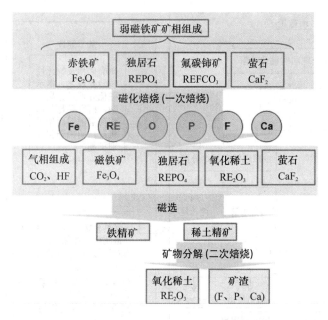

图1 弱磁铁矿磁化焙烧提铁过程主要矿相变化

上述方法存在的问题:①焙烧过程氟碳铈矿分解造成气态氟污染;②稀土矿物二次分解造成的能耗高。

3. 新观点的提出——弱磁铁矿磁化与稀土矿物分解一步法选冶技术

为实现目前包头矿铁、稀土、氟、磷、钙等有价元素综合回收的目标,现提出一种全新的包头矿选冶技术——弱磁铁矿磁化与稀土矿物分解一步法选冶技术,其技术路线如图2所示。

通过探索包头稀土矿及其尾矿在磁化预处理前后的矿物物相转化、理化性质变化规律,揭示稀土矿物及弱磁难选矿物与选矿药剂及浸出试剂的界面作用与微区行为,探明弱磁难选矿物的强化选别、稀土精矿的热分解及浸出过程的机制。实现高效提取稀土和高值回收利用氟、磷的绿色工艺流程,使之全面达到《稀土工业污染物排放标准》,使包头矿稀土回收率由目前不到**20%**提高至**50%**以上、将目前未加回收的磷和氟的回收率分别提高到**90%**和**75%**。

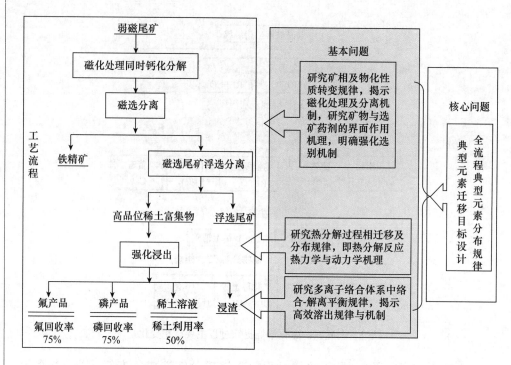

图 2   弱磁铁矿磁化与稀土矿物分解一步法选冶技术路线

为实现上述目标,弱磁铁矿磁化与稀土矿物分解一步法矿物重组机制及目标迁移设计方案如图 3 所示。

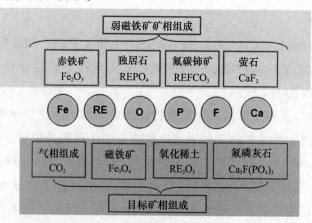

图 3   一步法矿物重组机制及目标迁移设计方案

4. 探索试验结果

包头弱磁铁矿 X 射线衍射如图 **4** 所示。

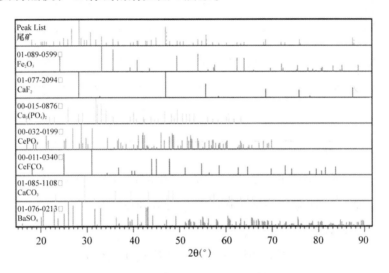

图 **4** 弱磁铁矿的 X 射线衍射图

包头弱磁铁矿主要元素存在矿相如下：

稀土元素存在物相：主要为独居石、氟碳铈矿独立存在或与重晶石、萤石及磷灰石共存。这使得采用重选或浮选的方式无法较完全地分离稀土矿物。钙元素存在物相主要为碳酸钙、氟化钙、氟磷酸钙及磷酸钙。磷元素存在物相：主要为独居石、氟磷酸钙和磷酸钙。氟元素存在物相：主要为氟化钙、氟碳铈矿。铁元素存在物相：主要为三氧化二铁。

采用弱磁铁矿磁化与稀土矿物分解一步法后 X 射线衍射如图 **5** 所示。

采用弱磁铁矿磁化与稀土矿物分解一步法后主要元素存在矿相如下：

稀土元素存在物相：以较细颗粒的氧化物形式分散于矿物中。虽然仍有稀土元素以氧化物形式与重晶石、萤石及磷灰石共存,但采用酸浸的方法可以使这部分稀土元素进入溶液,便于后续提取。钙元素存在物相：主要为碳酸钙、氟化钙、氟磷酸钙及磷酸钙。磷元素存在物相：主要为氟磷酸钙和磷酸钙。氟元素存在物相：主要为氟化钙、氟碳铈矿。铁元素存在物相：主要为四氧化三铁。

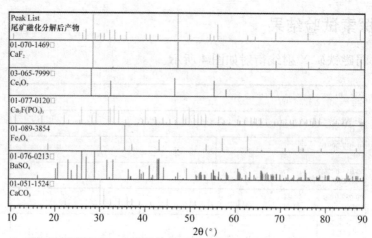

图 5 弱磁铁矿一步法磁化与稀土矿物分解过程 X 射线衍射图

弱磁铁矿一步法磁化与稀土矿物分解过程的反应如下：

$$Fe_2O_3 + C \rightarrow Fe_3O_4 + CO$$

$$REFCO_3 + Ca(OH)_2 \rightarrow RE_2O_3 + CaF_2 + H_2O + CO_2$$

$$REPO_4 + Ca(OH)_2 + CaF_2 \rightarrow RE_2O_3 + Ca_5F(PO_4)_3 + H_2O$$

$$REFCO_3 + CaO \rightarrow RE_2O_3 + CaF_2 + CO_2$$

$$REPO_4 + CaO + CaF_2 \rightarrow RE_2O_3 + Ca_5F(PO_4)_3$$

$$REPO_4 + CaCO_3 + CaF_2 \rightarrow RE_2O_3 + Ca_5F(PO_4)_3 + CO_2$$

弱磁铁矿一步法磁化与稀土矿物分解前后的磁滞回线如图 6 所示。

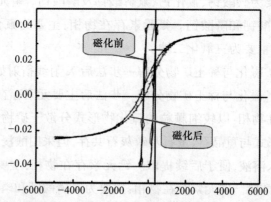

图 6 弱磁铁矿一步法磁化与稀土矿物分解前后的磁滞回线

磁化后矿物的矫顽力明显增强,显示了弱磁晶各向异性,有利于磁选分离。

5. 结论

采用弱磁铁矿磁化与稀土矿物分解一步法选冶技术,可在实现矿物磁化的同时分解稀土矿物,此方法是高效、绿色的工艺,能给解决以铁为主,而稀土进入尾矿库的问题找到一条途径。其优点包括:

(1)一次焙烧即实现磁化,同时稀土精矿得到分解,降低能源消耗。

(2)Fe、RE、Ca、P、F 主要元素按照利于分离的矿相进行重组,便于元素分离及氟、磷的回收利用。

(3)无气相氟、磷的污染。

严纯华:

他提出的这些观点实际上是从哲学上,主要从社会意识上提出一些反思。

吴文远:

包钢的林董事长也在,还有两任的包头稀土院院长,这都是这方面的行家,现在我提出我们的一些新的想法,供大家讨论。

第一个问题是包头矿中的稀土利用了多少?刚才杨院长讲了很多了,给我做了很好的铺垫,我就不再多讲了。提出的问题是,每年随铁矿开采出的那么多的稀土哪儿去了?根据分析,我们发现,稀土随铁精矿和萤石直接损失了**19%**。这个铁矿伴生的稀土元素的问题是什么?它的问题有三个"相近",可浮性与含 Ca、Ba 的萤石、方解石、磷灰石、重晶石相近;磁性与赤铁矿、钠辉石、钠闪石等弱磁性矿物相近;密度则与铁矿物、重晶石相近。在以铁为主的选矿工艺中,弱磁初选就把强磁铁矿选走了,剩下的弱磁矿就得用强磁去选,在强磁选的时候,有一部分强磁尾矿带着稀土进入尾矿坝里去了。进入尾矿坝的稀土据资料报道约54%。刚才杨院长讲,那么多的稀土哪儿去了?到尾矿坝里去了!为什么会有这样的结果,杨院长已经讲过了,当时大炼钢铁的需要,以铁为主,稀土进入尾矿库储存起来了,可以说没有丢,储存起来了。

第二个问题是先选稀土,还是先选铁矿?是不是矛盾的问题?能不能把这个问题统一起来,充分利用包头的稀土,甚至铌资源?我们的观点很明确,把这个工艺进行技术改造,高效选铁与稀土矿物,做到铁资源和稀土资源平行处理。那么,解决的方法是什么呢?比如说磁化焙烧选别铁方法,做的工作已有很多,北京科技大学,东北大学,内蒙古科技大学,还有包头稀土院等单位都做了大量工作。还有一种方法就是浮选进一步的深度分离,马鹏起先生也是稀土院的老院长,做了大量的工作。

以磁化焙烧来讲,首先要搞清楚这几个主要元素在焙烧中的去向,特别是磁铁矿加碳还原为磁铁矿的同时,稀土矿能不能分解。如果矿物磁化的同时稀土矿物也分解,而且是高效、绿色的工艺,就能给解决以铁为主,而稀土进入尾矿库的问题找到一条途径。

我简单介绍一下。首先,将磁铁矿的矿相组成的主要元素定为目标元素,以便在矿物处理过程有计划地迁移、合成一种便于进一步分离的矿相。这种想法是在这次"973"课题的讨论中提出来的。按这样的方法去做,最后得到的焙烧产物是什么呢?主要是二氧化碳,赤铁矿还原成了磁铁矿,磁性增加了,符合现在弱磁铁选矿的磁场强度要求了,但是矿物中的氟碳铈分解了,变成氧化稀土和氟的气相物质挥发了。氟资源是宝贵的,其战略地位好像能跟稀土媲美,也应引起重视。在我们提出的磁化焙烧与稀土矿分解一步法的工艺中,氟碳铈矿中的氟和独居石的磷转变成了氟磷灰石,便于进一步回收氟和磷。这都是变废为宝的事情。按照这种思路去做,原来矛盾的是"先铁后稀土",还是"先稀土后铁",但现在就统一起来了,我们在绿色高效利用这个前提下,统一来做。

我的结论:一步法焙烧能实现磁化同时稀土精矿得到分解,肯定比先磁化焙烧再焙烧分解稀土矿物的两次焙烧要降低能源消耗;第二个优点就是,目标元素按照有利于进一步分离的矿相进行重组,便于提出来氟和磷这样的物质进行再利用,无气相氟、磷的污染。

刘会洲:

焙烧是还原还是氧化?

吴文远:

是加碳还原赤铁矿,同时加了氧化钙分解稀土矿,氢氧化钙也可以,利用这个焙烧过程中氧的转移,以钙为中心元素,与磷和氟重组为新的矿。

黄春辉:

我提一个问题,这样的一个工艺,因为有大量矿需要焙烧,这需要提高到很高的温度,需要很大的热量,从能源角度有考虑吗?

吴文远:

我们认为现在主要是针对这个矿,大量稀土被尾矿带走了的问题。从选矿的角度来说,对于弱磁铁矿的处理,要增加它的磁性,选铁最好的方法就是磁选。对这样的铁矿来讲普遍要通过碳还原焙烧增强磁性再来进行选矿。在这个基点上,对弱磁铁矿来讲,在原有处理方法的基础上,根据包头的特征,能不能把稀土矿物也进一步有效、绿色的分解?黄老师提的问题是对的,在高温下焙烧还原,能源消耗肯定增加,对本身就是磁铁矿的选矿来讲,它的成本是高的。但是把磁化与稀土矿物分解两条线并行来做能耗还是低了的。当然关于能源消耗对比还要研究,计算一下到底从成本上合不合得来,包括稀土成本,包括铁精矿的成本,做一个综合的预算。

刘会洲:

加的氧化钙的量是多少?

吴文远:

加的量按照稀土量来算,与总的矿量无关,是稀土量的 **20%** 左右。

张安文:

过去白云铁矿块矿入炉,炼铁以后高炉渣里也有稀土,如需要可再提炼,不能简单说全是浪费,萤石也不能简单说全部损失。

吴文远：

稀土进入铁精矿可以说没损失，因为是可以利用的。为什么人家说包钢的钢最好使呢？因为天生就有稀土在，其他地区的钢没有这个条件。

林东鲁：

原料中本身带有稀土，但是由于稀土和铌的作用，包钢的钢材韧性、延展性比较好。在南方，用在家庭用的那些冲压件中，比如说盆，或其他产品，效果都比较好。

张安文：

包钢公司的钢材，即便没有经过稀土处理，也有好的韧性、塑性，这里一定有道理。

林东鲁：

到底怎样添加，特意加稀土，量为多少，这需要考虑。现在是在冶炼之后加，真正进入里面的并不多，也存在一个问题。

严纯华：

工艺上，从整个大的方向来说，没有什么问题，这是从应用的角度考虑；从科学的角度来说，在物相的转变中，通过少量钙，转化为以磷酸钙为代表的可以被进一步利用的矿藏。此外，是不是可以理解为在天然的白云鄂博矿当中，四氧化三铁首先被选走，随后是 $\alpha\text{-}Fe_2O_3$，磁化和稀土分离并行做，你指的是这一步的工作。

吴文远：

对。

严纯华：

把它部分还原，有部分回到四氧化三铁。

吴文远：

关于尾矿怎么样利用还原方法去做，我们在"973"课题论证的时候提出了概念性的路线，当时还没有形成这种意见。回去做完试验以后，现在就可以很明确地提出来，为了解决这个矛盾，应采用磁化和稀土矿分解同时完成的这样一个工艺过程。这个过程的好处在于解决了原来的单独磁化过程时能耗高和氟跑掉的问题。

那么，它的科学原理是什么呢？简单地说，所有的目标元素在焙烧过程被有组织地管理，而原来的磁化焙烧只是把铁矿还原，对其他的元素是没有目的、没有组织地管理，随焙烧过程的进行自然生成什么就是什么。

严纯华：

这个也是刚才占峰老师所谈到的控制，即有组织的、有控制的。

吴文远：

对。

林东鲁：

吴老师有没有研究，矿物钙化了以后，对这两个方面会产生什么副作用？比如说对钢铁来说，钙化了肯定渣子比较多。会不会产生一些负面影响？

吴文远：

这方面是我们下一步考虑的问题，但是从科学理念分析来看，它形成的是氟磷酸钙，而氟磷酸钙在磁选择的时候，磁性弱，它难于跟着选取，剩下的氟磷酸钙与已经分解过的稀土精矿进入下一步的湿法分离工序。我们发表过好多文章，是关于包头稀土精矿的钙化焙烧以后后处理的问题。在后处理中，可提出来羟基磷灰石,作为生产化肥的原料。羟基磷灰石提出以后,剩余的是萤石,萤石经钠化处理可以回收冰晶石。在我们的实验流程中还有一个浮选工序,把萤石选出来,也是一种路线。

严纯华:

白云鄂博矿已经经过了**50**年的开发和利用,现在把相关的氟、磷以及钍这样的元素有组织地加以控制。作为一个矿来说,里面有几个元素也是白云鄂博矿的特色,首先是铌,再就是钪。对于大趋势,大的研究思路或者是工艺思路的设计思路判断,有没有一个综合的考量?假如现在没有一个完整的考量,会又形成现在以稀土是作为一个着眼点,但是全世界稀土开发普遍以后,那时候也许是钪、铌,或者其他元素也成为战略元素,这些元素又成为一个抓手,再去抓的时候,发现我们前面走的过程当中没抓它,这方面有没有综合考虑?

吴文远:

这个工作刚刚开始,下一步的重点是多元素分析,这事儿我们也做了一点,大致上判断,钪是跟着稀土走的,没问题。铌是氧化矿,对它的磁性现在还没太搞清楚,趋势上讲铌在选出的稀土矿里有。

严纯华:

整个包钢中,过去跟分离、冶炼相关的,除了黑色金属以外,有一、二、三厂,现在以三厂作为高科,是集团发展的重心之一。一厂也关了,它主要负责冶金。今后,特别是二厂原先的职责一定会恢复的,由高科来恢复,还是由另外一个企业恢复,这是一个布局的问题,也得有一个长远的计划。

吴文远:

铌本身存在的矿特别复杂,白云鄂博矿床中铌矿物共有**18**种。铌和稀土不一样,在矿物中的赋存状态非常复杂,对包钢来讲铌资源回收是很大的难题。现在我们国家为了充分利用包头矿,并行开了好几个课题,有一个就是铌的回收利用。

林东鲁：

原来也是稀土院的马鹏起他们把铌搞出来了，要算一下成本，现在利用成本太大。

吴文远：

较经济的方法就是提炼出含铌2%左右的铌铁，而不要追求生产铌条。

严纯华：

在我们所有的这些研究的成果或者是计划当中，我们还要回答的一个非常重要的问题就是，要能够澄清过去在包头矿利用当中，一些不全面的，或者是不完善的，甚至是偏颇的说法。刚才占峰老师提到了中、重稀土，特别是重稀土在包头矿当中也是一个重要的资源，从总量以及价值上来说，不亚于，或者是起码可以补充南方矿。

您这里还得回答一个问题，长期以来，包头矿利用率是多少。我现在拿到稀土是10%，在合理利用这些稀土的同时要把握它的大的技术趋势。

林东鲁：

应该说有一些浪费，但绝不是100%，没那么多的浪费。刚才黄老师说有一定的损失，但是损失是不是19%，咱们可以探讨。插一个题外话，一个企业它要怎么考虑这个事情，所有的资源是不是要全拿出来？职责在我们的企业还是国家层面？

严纯华：

更多应该是国家层面。

林东鲁:

可能把铁搞好,把稀土这一块基本搞好,铌那一块原来也是做的试验,至于钪、钾没有考虑。和科研不一样,它不可能不限制,把每一个都要搞出来。

黄春辉:

经济上是不是合适?

林东鲁:

国家怎么琢磨,比如说优化,怎么去做?

严纯华:

因为参加本次沙龙的有中国科协和稀土学会,也请了媒体朋友,他们虽然是媒体专家,对稀土也有很深入的了解,但也要给他们一个正面的,而且是主流的思想,因为现在社会公众对这个问题非常关注,而我们受到的指责比赞扬要多得多,也就是不可持续发展的问题。

吴文远:

严老师提出的问题和董事长刚才说的问题,已经把答案包括在里面了,看大家怎么理解。

张安文:

白云矿稀土目前利用 **8% ~ 10%**,其他主要进入尾矿坝,还有其他走向,不像人们想象的都浪费了。应该把其他流向统计得全面一些。

关于精矿,刚才黄老师也讲了有一个技术经济指标的问题,过去包头矿选矿是长沙矿冶院和包头稀土院等一起搞的,在选铁和稀土的综合流程的改进方面,长沙矿冶院余永富院士等作出了很大贡献。选稀土方面稀土院黄林璇教授做不少工作。过去我们是弱强磁选及浮选反浮选,包括几个大的步骤。像今天讲的用焙烧,那就要算算账,因为过去搞了多年的焙烧,我估计可能是经济指标有些问题,焙烧的技术本身没有什么问题。

到底是焙烧的办法好,还是用浮选的办法好。对于解决弱磁铁矿的问题,我们现在对利用强磁选机,尤其是稀土永磁选机达到一个好的指标应该没有问题。应该做一个技术经济的比较,看看哪一个合算,对流程应该全面考虑,把这个账算好,在后面的浮选中,铌钪等在设计上是不是全都拿出来,怎么拿?

这里涉及铌和钪的问题,过去提铌是包钢跟化冶所(现在的中科院过程所),还有稀土院从 20 世纪 60 年代开始做,包括北京科大的几个老师。那时候就是高炉—转炉—电炉—电炉流程,高炉就是冶炼以后铌进入铁水,然后转炉或者是平炉再吹氧,把铌氧化,进转炉渣。最后两次电炉提铌得到铌铁。现在看来是成本问题,将来大家也可以进一步做工作,主要是选矿接化学及冶金流程。在解决环保的前提下,把铌的问题解决。目前包钢矿山院在做,但是估计还是难度很大,大量的生产恐怕还是以选矿为主,高一点的进行化学方法的衔接,这个应该是在包钢综合利用里面安排重大的课题来做,光包钢一家我觉得不够,包括科学院、北大、各研究院、应化所都应该参与进来。我觉得国家对这项工作很重视,大家都参与,有个分工,就能把这个事做好。另外,后面的浮选,包括其他工艺有没有新的药剂,或者是装备上的配合,这个也很重要。

吴文远:

对于含氟碳铈和独居石的弱磁铁矿用浮选好,还是磁化以后再磁选好,是经济上和环境上应进一步研究的问题。

目前对赤铁矿很少有浮选,我刚才说了,马先生进行了包头尾矿浮选实验研究,有两种方法,弱磁铁矿用什么方法选好,我们关注这方面的问题,以后请大家关注这方面的问题,好像主流还是磁化以后弱磁选比较好,在经济上肯定要比较。对包头矿而言,很重要的问题是铌的走向。

严纯华:

徐老师提出来的,黄老师也关心这个事儿,虽然我们不懂铌,但铌对全世界矿产资源和利用来说非常重要。

杨占峰:

我这儿有资料,铌分布非常散。现在我的感觉是这样的,矿在不动的时候,长得是很规矩的,一条带的,一条带的,哪个条带里铌高,哪一个条带里稀土高,地质分布上是有规律的。

现在我们都集中开矿,充分混溶,才能确定磁性矿,磁场强度;对氧化矿确定它的温度、药剂、浓度等。选完铁了,最后才能做,我认为步骤应该往前移。比如说羊和牧羊人有关,还和屠夫厨师有关。现在提铌就是这么一个情况,专门有铌铁矿,你要是用铌就取铌矿。

现在从尾矿里选,选完铁,很难取的,取的时候,我觉得应该往前移。分采分选,不要混了再选,特别刚才说萤石,萤石带含氟能达到30%,是不是萤石就到60%了?

吴文远:

我们选矿的时候少一个智能识别系统,矿体一块一块的,你可以很清楚地分出来哪一块是什么矿,如果是有一个识别功能的选矿机械,把不同的矿分出来,要比磨碎了再分选省事得多。

离子型稀土高效提取与绿色分离中的老问题、新观点和近期任务

◎李永绣

先从老问题来讲,也是大家都经常讨论到的问题。一提到南方稀土,就是收率问题,都认为低。现在来讲,究竟低还是高,这是我们需要进一步讨论的问题。还有就是环境影响问题,影响面大。这两个问题表面上看都应该跟我们的技术相关。一个是稀土开发的功过问题,南方稀土矿区的环境恢复不管是需要380亿,还是38亿,都说明环境需要治理,开采导致的危害是客观存在的,但是否大大超过了稀土的盈利和贡献?究竟是380亿还是38亿?这个东西我们要具体分析。还有稀土开采技术的先进性问题,还有潜力吗?这是我们要考虑的问题。

我们经常对这些老问题提出一些看法。但关键的,我觉得还是整个离子型稀土开发的管理问题。从技术来讲,这么多年来技术进步对稀土开发环境效益的贡献还是相当大的,包括采矿方式和提取工艺上的技术进步,例如:从池浸到原地浸出,从氯化钠淋洗到硫酸铵淋洗,从草酸沉淀到碳酸氢铵沉淀等技术的进步。

导致稀土开发中上述问题出现的原因中,大家比较关注的一个是管理不到位。从目前的情况来讲,我觉得在管理的抓手上可能还是存在一些问题。

实际上,前面包头院的同志也谈了。把稀土资源的稀缺性作为管理上的一个抓手还不够。我们认为最好的抓手实际上就是环境问题。包头的稀土,国外也还有很多。国内为什么要去对稀土行业进行管理?不是说因为稀土少,而是要把环境问题理清楚,在观念上有一个考虑,在与人谈到稀土管理时用不着去谈稀土怎么怎么稀缺!你说资源缺,自己是认可,但是人家不认可,怎么办?所

以,我们更应该从环境保护方面来考虑。

接下来谈谈对离子型稀土资源的新认识。一直以来,我们在上课时跟同学讲南方离子型稀土的特点是:配分全、中重稀土含量高、开采容易、放射性低。这是我们过去乃至现在对离子型稀土大家都认可的四个特点。

现在提出来对于离子型稀土的一些不同观点。第一点就是极低含量(万分之几),跟包头是不可比的。万分之几的稀土矿我们可以开,在包头那边随便哪个角落里的也不是这个含量。所以,极低含量是一个特点,这个极低含量也就导致后面环境影响的普遍性,环境影响大的这个根源也在这儿。

第二个特点是不均匀分布。不均匀分布(包括空间位置,矿粒之间)。且不说不同山之间的不均匀,就单纯一个山的内部本身也是不均匀的。所以现在做这个工作的时候,我们要考虑稀土在一个矿山里面的空间位置分布。不光是空间位置上分布的不均匀,矿粒之间的稀土分布也都是不均匀的,正因为有这些不均匀才会体现出一些规律。从山上不同空间位置,不同矿粒之间,我们可以得到稀土元素的分异规律,从上到下,从左到右,产生分异的过程就反映稀土元素在这座山上的富集成矿过程,几百万年,甚至多少亿年前开始的这样一个过程,它记录下来了! 我们从这里,能不能认识这座山中液流的路线图?对这一规律的研究不光是对矿山形成历史的追溯,同样也是对后面开采工艺的指导。基于不均匀分布这个特点,我们可以去做很多工作。

接下来是开采技术的独特,跟以前所述的开采容易这个对应起来。开采技术独特的评价更合适。开采是否容易,主要看我们评价的目标和标准怎么定。若从一般老百姓的观点来说,抓把盐泡泡,再沉淀一下,这个稀土就可以出来,烧一烧就可以卖了。但若从一个比较高的要求,从环保的要求来考虑就不是那么简单。要做好就需要考虑很多内容,包括对地质结构的认识。在这些方面,实际上我们还有很多事情需要做,我们也还欠了很多账。在很多时候,矿山企业在开矿的时候都比较盲目。在这种盲目的情况下,就会产生很多资源浪费和环境影响。所以,"开采技术独特"这样一个表述,跟前面"开采容易"的说法相比,对我们后面的工作提出了更高的要求,也就是说,我们不能停留在只把稀土拿过来卖钱的层面来理解其中的问题。

关于对环境影响的普遍性特点,是用来替代原来说的放射性低的特点的。

因为含量极低,所以开采稀土就要搞那么多矿,它的影响面比较大。在南方,不是说一个省的问题,是很多省的问题,都存在,所以影响面大。过去都说放射性低,这是相对于北方稀土的高放射性而言的,所以对于南方稀土的开采研究很少考虑放射性问题。从目前我们掌握的一些情况来讲,有的地方的放射性问题和危害是存在的。

上面是我们对离子型稀土的特点的一些新提法,有了对这些特点的认识,后面的工作思路会有大的改变。

接下来看一个具体的事例,对于风化壳的认识。怎么来找矿?根据我们和许多矿山工作者的经验,要找矿,我们先从山的外面来看,在山边坡上这个植被都很好,但是山顶上总是可以看到这些地方,没有树木或只有一些矮小植物的。像这种山,从飞机上往下看,看看山头,特别是两边树木长得比较好,中间比较稀拉的地方,可能就是有稀土矿山。很多人的头都有这种特征,这是我们讲找矿比较实际的标志。

这个标志是怎么来的?这些山,看看基本上都可以发现这么一个特征。这个特征源于这个矿的形成,因为它影响到植被的生长。对这个问题现在还想做一些东西,比如说为什么中间顶上长的比较少,边上长的多,这跟风化壳相关,跟它的结构是相关的。比如说从上到下,一般来讲风化比较好,水的渗透性比较好,在表层的植物吸水差,因为水一过去就到底下去了,下面水含量比较多,顶上水含量少。在边上看,因为在风化过程有一些细的矿都往边上走,所以整个边沿表土层中泥的含量比较多,泥的黏性比较好,它的保水性比较好,从保水性来考虑这有利于植物生长。

另外,跟稀土含量有没有关系?也就是说稀土含量超过多少的时候植被就长得好?植物生长对稀土含量有一个浓度依赖关系,在一个比较好的浓度范围,对植物生长有促进作用,超过这个的时候它就有反作用。所以根据这种解释,我们可以从保水性,从稀土含量的相关性来做一些工作,进一步确定找矿的一些依据。

接下来要说的一个问题是尾矿的可修复性的问题。我认为没有不能治理的尾矿,关键是肯不肯下工夫去做的问题。在龙南,有些地方就恢复得好;有些地方有塌方,并且很多地方都容易塌方,塌方的尾矿还是可以治理的。很多矿山我们都可以看到尾矿,尾矿里有些东西还可以用。安远的尾矿具有堆浸和原地浸矿两种典型采矿方式留下的尾矿。对于稀土流失,原地浸矿多一些,对于水土流失,堆浸更严重,因此,可以针对这些特点来解决问题,在这方面要突出尾矿修复工作。

针对上面提到的大家关注的资源回收率与环境影响问题,我们这里也有一些新的观点。

第一是回收率的概念问题。以前我们大多数一天一个循环池浸,我们对这个循环的回收率测定很容易做到,**90%** 以上就好了。现在不是一天做一个循环,而是对于一个山头,这个时候的回收率概念及测定方法就要改了。我们现在主张加一个时间标注,注明是一年的回收率,还是三年的回收率。不要天天问回收率是多少,今天的回收率跟明天的就不一样。如果问回收率是多少,不说明时间标度我没办法回答。所以我们在评价回收率的时候,必须加上时间标注,因为我们现在开采要花很长时间,包括这个矿是不是开采完,需要一个时间标准。

另一个想法,除了回收率的指标外,还要考虑建立残留量的标准。如果南方的稀土矿有百分之几的含量,那随便弄一下回收率都是百分之九十以上。分母小,上面再残留一点,回收率就比较低了。所以除了回收百分数,还要有一个残留量的指标。除了稀土残留,我们现在还要考虑铵残留。用铵残留和稀土残留这两个指标,我们来评价稀土引发的安全性问题,还有一些植物生长与重金属含量的关系。现在要考虑一个问题,也许在尾矿上生长的东西的安全性比一般山上的安全性更好。我现在想叫他们生物系几个老师研究一下。在尾矿上种这些东西,尾矿上种的果实的重金属的残留量,我预计肯定比原山上的少,因为很多稀土开采后,重金属残留量含量会减少。尤其是离子态的东西,是容易被植物吸收的,所以,用尾矿去种作物,金属残留会少一点。所以这个也是我们要去考虑的问题,这对于我们回答尾矿植被修复后种果树的安全性问题很重要。

对于矿山,现在把它作为一个不均匀的微纳米材料体系来研究,实际上稀土就是在这些不均匀的微纳米颗粒体系里进行迁移和分布的。在这里是不是要做一些基础的工作?因为有一些稀土回收的方法跟这个是相关的。这些是我们对于一些具体的,关于尾水处理要考虑的,对于尾水的处理,也是提高稀土回收率的主要途径。

这里涉及稀土元素浓度低,量大。比如说安远那边,主流河道,一天一万多立方米的水下来,$2\text{ppm}(1\text{ppm}=10^{-6},$下同)的浓度,你怎么对待它? 这些都是我们要考虑。还有山水与雨水,一个问题是不确定性,下雨的时候多,不下雨的时候少。另外,从技术、具体的标准上,现在我们对矿山废水排放的标准现在还没有,稀土工业污染物排放标准特意把矿的东西排除在外,所以这里还要做一个标准,考虑把它当什么东西来对待,尤其是氨氮,是15ppm,还是50ppm,还是25ppm? 对这些东西要考虑环保方面的标准,不能只把环保作为"杀手",如果没有标准,后面很难操控的。

这是我们讲的尾水里低浓度稀土的一些回收方法。这些方法都可以起到一些效果,针对我们的具体目标,稀土含量要降到多少,用什么相应的技术,当然我们还要考虑成本问题。目前我们考虑比较多的就是两段吸附法,也就是黏土吸附+胶体吸附:第一段用黏土吸附,也就是把大部分的稀土离子回收;胶体吸附,就是把稀土浓度降到多少含量的问题。现在,相对来讲成本可能会低一点。还有吸附–膜分离法和萃取–膜分离法。

在龙南,也是对尾矿治理的要求,要建一个尾矿坝,实际这里就是二次成矿的问题。二次成矿的问题,又涉及有一些水,经常有尾水下来,所以这里又搞湿地,他们做一些废水处理,这些是对环境的治理,都是有利的地方。胶体吸附是最后一步把稀土降下来的基本方法。利用胶体的稳定性,对稀土有强的吸附能力,把浓度降到0.1ppm,这样,水里的稀土基本不会对环境产生大的影响。

在稀土分离方面,我们的工作主要是在后面,沉淀与结晶过程控制。这个工作现在做得不多,我们的工作目标是要把这些工作重新调整,主要是如何结合废水减排的要求满足生产要求,一个方面是产品质量的要求,包括颗粒度要求、比重问题,这些都是我们在沉淀结晶问题里面要解决的;再一个问题就是环境,对水的回收。所以,研究如何做到80%以上的全回收,对于分离厂技术进步是很重要的。

黄春辉：

现在大家普遍感觉南方稀土矿是一个宝贝，我过去也到过龙南这些地方，利用的时候，一个一个山头，从上头灌水下来，到经济上不合算了就放弃了，另外再弄一个。过去说稀土开采量按一个山头来说，也不知道是 50%，还是说 20%，还是其他数值。大家认为南方稀土矿很乱，矿产利用得不好，污染到处都有，刚才你说了一些问题，可能解决什么？对过去的开采有没有一个量的估算？比如说对一个山头，比如说龙南矿的那个山头，过去是怎么控制的？

还有，回采率到底是多少？我是江西人，也很关心这件事情。总觉得江西矿的回采率很低，浪费很大，污染很严重，这个都提到了，但是没有量的答案。

李永绣：

我们若干年来一直关心的问题，对环境评价的标准。原来我们讲回收率，说的是百分之多少，要百分之多少算出来，第一个要知道山上有多少，没有这个数回收率就没有概念，因为没有分母了。

现在恰恰对这个分母，很多地方不知道，实际上是估算，这就给计算回收率带来一个问题。现在回收率有很多数据，有的 20% 多、30% 多，甚至 100% 多都有。有些矿主，把这个山上初步估计一下，有两百吨，但是搞下来可能有两百多吨，这个就是 100% 多的收率，这成立吗？但这种事情经常发生。

我们讲评价指标。一般以生产稀土量作为分子，储存量作为分母来计算。把分母搞定，需一些方法，也就是说我们现在做一些工作，就想把这个分母尽量搞得准一些。

还有一个评价指标，用水接收量，比如说注入 100 立方米进去，测量收到多少，也就是根据液体接收量计算回收率，不是按稀土量算。一般来讲液体进去后，理论上应该吸附多少，也只是理论上的，因为不同矿吸水量也是不一样的。对于原地浸矿，有些液体不知道跑哪儿去了，在这边也发生这个问题，旁边在开矿，结果井里产稀土。稀土通过一些通道跑到这个井里来了，这是一个问题，那么他们计算的回收率也仅是一个参考价值，对于他们提供的回收率我一概不信其准确性，只相信大概在什么范围。比如说原地浸矿的回收率一般在 75% 以上,这也是我们对于龙南整体的评价,到其他地方呢,可能也不是这样一个数,有提供的甚至100%多的。我的想法就是建立以稀土残留和铵残留为标准,采用环境工程的模式来管理,三年之后来评价,将山上还有多少稀土作为对安全矿山的要求,测铵残留,要达到基本要求后开采方可以撤了。还有我们讲的植被恢复,都是要去完成的。

现在,很多地方没有做环境处理。矿老板认为他交了环保费(现在一吨要交五六万元,以前每吨矿四五万的时候一吨是交五六千元),让政府搞环保。以前在龙南模式下,还会集中建尾矿坝,水保局收这个钱。现在这个水土流失和环境保护设施究竟由谁建,没有太明确。尤其是在原地浸矿技术推广时,过于强调新技术没有污染,结果导致更严重的事故。所以,对于矿山管理,我们就是要以环境工程模式来做。就是要求3年或几年环境恢复的跟以前一样,稀土残留、铵残留在控制的要求内,才算完成任务。

我个人的想法,能不能把残留量作为标准,而不是把回收率作为标准来考虑?分母不一样,回收率如果是一样的标准,难度不一样。所以,残留量标准应该定得合理,当然残留量标准还存在测定方法的问题,包括在山上的取样问题。

张安文:

现在环保问题和收率问题是堆浸的两个硬伤。但是不是简单地把堆浸否了?堆浸还是有它的好处,如果是收率高,或者是说解决好环保和土地复垦的问题,是不是也可以采纳?现在完全否了堆浸,原地浸取措施不当也有环保及收率问题。

李永绣:

我们的观点,不管池浸、堆浸,任何水土流失都是可以解决的,尾矿都是可以修复的,不能说这个不能修复。关键是督促他去做这个事情。我们讲堆浸只有在环境工程管理模式下去做绝对是可以,但是管理上不到位就比较难。

对于原地浸矿也要加强管理。原地浸矿比堆浸,环境恢复起来工作量要小一些,但是也有自身的问题。我们在开始做矿的时候就要考虑这些问题,包括我们刚刚讲到堆浸塌方的问题，这两年可能因为塌方已经死了十几个人了，广西、福建、江西都有。

张洪杰：

我们听了以后，感觉污染是很大的问题，废水流到哪儿去了，也没有人管。福建、广东发现的矿是跟离子型一样的，这个怎么开采，是他们将来开采的最大借鉴，要把这个问题全找出来，哪个地方不行，我们一定解决这个问题。江西很美，废水流到大江大河里去了，破坏了环境，我觉得太可惜了。

李永绣：

像 2012 年暑假我们到全南，他们管得比较紧，山和水是分别接收。含稀土的东西有接收的，可以回收稀土。而沟里的水中稀土含量很少。所以，关键还是管理，要明确责任主体。按照谁开发、谁得利、谁负责的原则，环境保护和水土流失的责任应该由政府和握有采矿权证的企业承担。

会议时间

2012 年 11 月 18 日下午

会议地点

北京大学化学院 A 楼 717 会议室

主持人

吴文远　黄春辉

吴文远：

上午我们讨论了稀土行业的一些基础性问题。接下来，我们重点讨论一下在稀土研究领域的一些新的进展及应用。

我国稀土资源的绿色分离技术
◎廖春生

　　稀土是钪、钇和全部 15 个镧系元素的总称,由于化学性质极为相近,在矿物中伴生共存,而各元素优异的光、电、磁、催化的本征特性往往需要单一高纯稀土才能得以充分体现。因此,分离提纯成为稀土材料工业的重要过程。我国稀土工作者根据稀土资源的特点,开发了一系列具有原创性的稀土分离提纯技术,成就了中国稀土生产大国的国际地位。目前,我国已形成了年产 20 万吨以上的生产能力,实际产量占全球需要量的 95% 以上。

　　然而,在稀土分离提纯过程中使用大量的酸、碱化工原料,导致产生大量含盐废水。以年产 12 万吨稀土氧化物计,废水排放量高达 1500 万吨以上,盐排放量超过 60 万吨,环保压力巨大。为此,国家环保部已与 2011 年 2 月颁布世界首部《稀土工业污染物排放标准》,稀土基础材料产业面临严峻的挑战,迫切需要稀土高效清洁制备技术。

1. 稀土分离过程及其化工试剂消耗

　　稀土分离提纯工艺可大体上分为溶矿、萃取分离、沉淀几个步骤。

　　溶矿过程是以盐酸溶解稀土碳酸盐或氧化物,制备萃取分离料液,稀土浓度 1 ~ 1.7mol/L,过程中每吨 REO 主要消耗 2.1 ~ 2.5 吨盐酸,2 ~ 5 吨水。

$$RE_2O_3 + 6HCl = 2RECl_3 + 3H_2O(氧化物) \qquad (1)$$

$$RE_2(CO_3)_3 + 6HCl = 2RECl_3 + 3H_2O + 3CO_2 \uparrow (碳酸盐) \qquad (2)$$

　　萃取分离过程主要利用有机萃取剂萃取料液中易萃组分,获得高纯度的难萃组分,通过洗涤有机相的难萃组分获得纯的易萃组分,达到分离目的。目前稀土分离均使用酸性萃取剂(HA),萃取过程可用反应(3)表示,为了提高和稳定萃取剂的萃取分离能力,一般均对酸性萃取剂进行皂化后再与待分离的稀土

料液进行萃取交换,过程为反应(4)、(5),负载稀土的有机相用盐酸进行洗涤提纯、反萃取转型及再生,过程为反应(6):

$$RECl_3 + 3HA = REA_3 + 3HCl \tag{3}$$

$$HA + NaOH = NaA + H_2O(皂化) \tag{4}$$

$$3NaA + RECl_3 = REA_3 + 3NaCl(萃取稀土) \tag{5}$$

$$REA_3 + 3HCl = RECl_3 + 3HA(洗涤、反萃取) \tag{6}$$

稀土溶液经多级萃取洗涤实现稀土纯化。由于稀土原料一般含有除钷、钪外的15个稀土元素,实现全分离需要多次重复上述过程,消耗大量酸碱。典型的中钇富铕稀土分离酸碱消耗为每吨 REO5 ~ 8 吨盐酸,2 ~ 3 吨烧碱,15 ~ 20 吨水。

稀土沉淀过程使用沉淀剂进行沉淀转型和进一步除去杂质,典型的沉淀剂为草酸($H_2C_2O_4$)。其反应为:

$$2RECl_3 + 3H_2C_2O_4 = RE_2(H_2C_2O_4)_3 + 6HCl \tag{7}$$

为保证稀土沉淀完全,草酸一般过量10%以上,为了洗去杂质,需要大量洗水,洗水量视产品质量要求不同约为20 ~ 60 立方米/吨 REO,产生的2 ~ 3 吨盐酸和0.15 ~ 0.3 吨草酸需加石灰中和后排放。上述过程示意如图1。

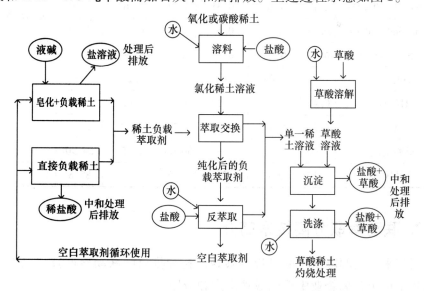

图1　目前的稀土分离提纯基本流程及物料消耗示意图

从目前的稀土分离基本工业流程,不难注意到,各段工艺间相对独立,过程中消耗酸碱等化工原料和水,最终处理后作为废水排放。以中钇富铕稀土原料分离为例,典型试剂消耗如表1,每分离提纯1吨稀土氧化物,消耗10吨左右的盐酸、2.4吨烧碱等化工材料,产生85吨废水,其中含盐量6.8吨。

表1　钇富铕矿分离典型消耗

过程\主要物料消耗		过程消耗吨/吨 REO				过程产出吨/吨 REO		备　注
		S	氢氧化钠	31%盐酸	水	31%盐酸	废水	
溶料		1.02	0.02	2.40	2.50	—	—	回调耗部分碱
萃取分离过程	La – Nd/Sm – Dy/Ho –	0.60	0.48	1.55	3.94	0.03	5.49	萃取过程水消耗主要为配制盐酸和液碱所需消耗
	La/LaCePr/Nd	0.65	0.52	1.68	4.27	0.03	5.95	
	LaCe/Pr	0.15	0.12	0.39	0.99	0.01	1.37	
	La/Ce	0.05	0.04	0.13	0.33	0.00	0.46	
	Ca/La	0.30	0.24	0.78	1.97	0.02	2.75	
	Sm – Dy/Ho –	0.20	0.16	0.52	1.31	0.01	1.83	
	Sm – Gd/Tb/Dy	0.12	0.10	0.31	0.79	0.01	1.10	
	Sm/SmEuGd/Gd	0.25	0.20	0.65	1.64	0.01	2.29	
	Sm – Gd/Tb	0.02	0.02	0.05	0.13	0.00	0.18	
	HA 预平衡	—	0.05	—	0.21	0.21		
	HA Y/NY	0.45	0.36	1.17	2.96	0.02	4.12	
	Ca/Y	0.36	0.14	0.93	1.79	0.42	2.72	
草酸沉淀		1.00	—		50.00	2.35	54.90	—
合计吨耗		5.17	2.4	10.6	70.3	2.9	85.8	—

2. 联动萃取分离技术简介

近年来可大幅降低萃取过程中酸碱消耗和排放的联动萃取技术已在我国多家骨干稀土分离企业中得到成功推广和应用。

传统酸性萃取剂体系稀土萃取分离流程,每一个分离单元的工艺如图2所示,萃取剂有机相 S 需要用碱皂化,萃取难萃稀土 A 制取负载难萃稀土有机相,进入分离段交换萃取分离对象(A 和 B)中的易萃稀土 B 以获得纯稀土 A 水相,随后用纯易萃稀土 B 洗涤萃取剂有机相中的难萃稀土 A 以获得负载纯易萃稀土 B 的有机相,最后用酸反萃取使 B 转型至水相,萃取剂有机相得到再生循环使用。

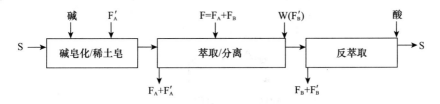

图 2   传统酸性萃取剂体系稀土萃取分离单元示意图

联动萃取分离工艺则是通过整个分离流程各个分离单元联动:分离单元间增加一个交换段,用某一单元(甲单元)需要反萃取的有机相与乙单元的难萃稀土交换,完成甲单元有机相易萃稀土转至水相和乙单元负载难萃稀土有机相的制备,进而取代甲单元的反萃取和乙单元碱皂化/稀土皂过程,避免甲单元的酸消耗和乙单元的碱消耗。其工艺连接如图 3。

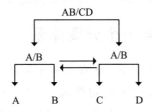

图 3   四组分体系的一种联动分离方式

通过工艺匹配,可实现多组分分离过程中众多分离单元只进行一次碱皂化和一次酸反萃取。其工艺流程如图 4 所示。

因此,联动萃取分离工艺可大幅度减少分离过程的酸碱消耗。目前工业运行结果表明,联动萃取稀土分离工艺在我国南、北方稀土分离中的酸碱消耗可同比传统工艺减少30%。

但是,联动萃取分离工艺还不足满足稀土分离的绿色要求,为此提出进一

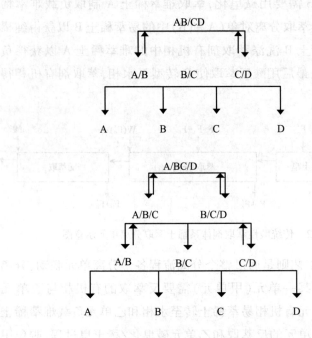

图4 进一步优化的联动分离流程

步发展联动萃取分离工艺和实现稀土分离物料联动循环的新设想。

3. 稀土分离统一到一个分离体系

由于联动萃取分离技术只能应用在相同萃取体系中,只有把稀土分离统一到一个体系才能最大限度地发挥联动萃取工艺的效能。而目前南方离子型稀土分离流程除了 P507 体系,还有高纯氧化铈需要通过还原萃取得到,高纯氧化钇需要在环烷酸体系中进行,一些重稀土的分离在 Cyanex272 体系中进行。多个萃取体系实现南方离子型稀土的全分离使得联动萃取工艺不能发挥最大效能,同时也使得南方离子型稀土分离工序繁杂,污染物种类增加,人工、环保成本增加。之所以出现多个体系并存,是由于 P507 对氧化铈、氧化钇提纯效率不高,化工试剂消耗大;重稀土分离时反应速度慢、平衡酸度高、有机相再生困难,难于实现高纯化分离。联动萃分离工艺对于多组分分离任务并不会因为中间组分分离单元增加酸碱消耗,不必执着于铈和钇分离系数偏低而采用其他体系来弥补。相应模拟计算表明,若引入联动萃取技术,并进行适当的工艺优化,用 P507 体系中进行氧化钇和氧化铈的萃取分离是完全能够实现的;而 P507 分离重稀土的困难可以通过相转移催化技术降低 P507 体系分离重稀土的反萃平衡酸度、缩短平衡时间予以解决,目前用 P507 分离高纯铒镱镥已经实现工业化生产。因此,实现单一 P507 体系进行 15 种稀土元素的全分离成为可能。

4. 萃取分离物料联动循环

联动萃取工艺虽然能大幅度减低分离的酸碱消耗和盐的排放,但也不能彻底不用酸碱,消除盐排放。我们可以从联动萃取工艺思想拓展到萃取分离物料联动循环达成绿色分离概念。从分离过程各个阶段的反应方程可以看到:稀土原料溶解所需要的盐酸与稀土草酸沉淀产生的盐酸是对应的[反应(1)和反应(7)];酸性萃取剂萃取稀土置换出来的盐酸与洗涤和反萃取所需的盐酸是匹配的[反应(3)和反应(6)];在保证萃取效率的情况下,皂化过程[反应(4)]可以取消。理想状态下,原料溶解、萃取分离,稀土沉淀洗涤等过程都能进行物料联动循环利用。分离过程可用方程(8)表示,只需要消耗等当量的草酸:

$$RE_2(CO_3)_3 + 3H_2C_2O_4 = RE_2(C_2O_4)_3 + 6H_2O + 3CO_2\uparrow \qquad (8)$$

基于以上分析,并根据各工段所产生的中间物料的特点,对图 1 中整体工艺过程进行如下调整:

(1)有机相稀土皂的物料循环。取消传统的皂化工序,代之以难萃组分氯化稀土与新鲜萃取剂交换,制备稀土皂。稀土皂过程[反应(3)]中,反应产物为负载稀土的有机相和含酸稀土水相,负载稀土有机相进入分离环节;含酸难萃组分稀土水相先分离稀土后再萃取浓缩酸用于溶解原料。

(2)难萃组分草酸沉淀母液的物料循环。草酸沉淀稀土时,为保证稀土收率,沉淀剂草酸通常需过量 10% 左右,产生了含盐酸和草酸的水相母液,萃取分离成两种单一酸后利用。其中获得的单一草酸可用于沉淀稀土;盐酸经萃取浓缩后用于溶解原料。

(3)易萃组分草酸沉淀母液的物料循环。易萃稀土草酸沉淀母液也含有大量盐酸和少量草酸,处理过程与(2)类似,但分离出的盐酸用于反萃过程。

以上设计的物料联动循环利用路线如图 5 表示,可见在整体物料联动循环利用过程中,将稀土皂和沉淀母液分离出的盐酸收集浓缩,得以全部再利用后,稀土分离过程的溶矿、萃取分离和沉淀工序,消耗的化工试剂就只有草酸,其中工艺过程中产生的氢离子用于溶解原料和酸性萃取剂的反萃取再生,体现了绿色化学所倡导的原子经济性原则。运行理想的整体物料联动循环工艺,将不产生废水排放,实现从源头防止污染,也符合绿色化学的概念。

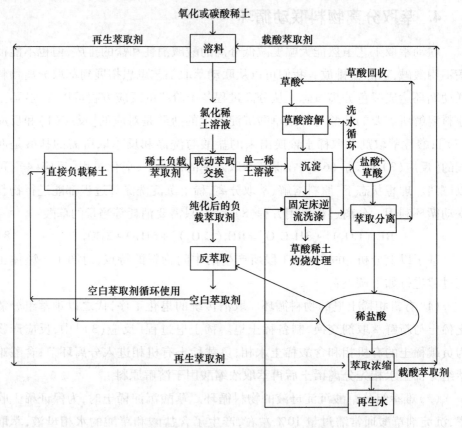

图5　稀土分离过程的物料联动循环简图

5. 结论

(1)联动萃取分离工艺可大幅度减少分离过程的酸碱消耗。由于联动萃取分离技术只能应用在相同萃取体系中,只有把稀土分离统一到一个体系才能最大限度地发挥联动萃取工艺的效能,使南方离子型稀土资源萃取分离酸碱消耗减少80%。

(2)萃取分离物料联动循环思想是联动萃取技术的发展和延伸,通过对溶矿、萃取分离和沉淀等过程物料处理和利用的综合设计,可将以上三个工序产生的中间物料循环利用,分离过程不消耗酸碱,不产生盐排放,获得环保效应的同时实现经济效益的最优化。

(3)萃取分离物料联动循环技术是一个先进的稀土分离生产技术,具有"原子经济性"和从源头防止污染的绿色化学的鲜明特点,符合我国节能减排的国家政策,并期望有助于解决正在面临巨大挑战的全球稀土产业可持续发展问题。

吴文远:

联动萃取从循环利用和理论上来讲都行得通,而且现在已经收到这样的效果,已经可节约20%。我觉得这里面从理论上来讲,应该给出一个界限。比如说前面说到的皂化有机,用到哪一段分离上比较适合,哪一段分离上,有可能造成产品质量下降,包括后面的。我觉得这里应该有一个理论上的界限。

廖春生:

在P507体系中对于整个稀土元素是有一个萃取顺序的。比如镧是最难萃的,钕夹在中间,只要是在它前面的稀土负载有机相就可以串到后面的分离段去。

吴文远:

把分离镧的体系,用到其他稀土分离上可不可以?

廖春生:

可以,因为镧是最难萃取的。实际这里的连接段就是一个分离段,它们之间进行交换,只要它是更难萃的,它们之间进行交换,有机相中的镧被顶出来,同时这个有机相中的稀土就换成了负载所连段稀土了。

吴文远：

我还有一个问题，最理想的是从溶料到沉淀循环，这个循环过程肯定是循环利用，最高的境界是完全利用。这里我觉得还有一个问题，在沉淀的过程中，或者是适当排出废水的时候，会排出杂质。这些杂质去哪儿了？

廖春生：

对于杂质来说肯定有出口的问题，目前来讲最大的杂质是铁、铝、硅、钙。在实际操作中，像铁的问题，因为相对来说比较少，又可以在沉淀前用 N235 除去，较容易解决，现在问题最大的是氧化铝，氧化铝使得我们现在草酸沉淀的母液很难使用，最近这个问题已经解决了。目前可以把氧化铝用萃取的方法彻底除干净，而且不是说像原来单级除铝，分离不完全，而是可以跟稀土一样，做出彻底分离，这个过程中顺便还可以解决一个问题，那就是我们现在荧光材料里面的原料问题，目前稀土纯度的保障还是比较好。目前，最后要达到完全状态肯定是不太可能，这是一个努力目标或者是技术路线图。

吴文远：

一定要给稀土杂质一个出口。

廖春生：

对，现在这个过程里面最大的一个杂质，就是铝这个杂质现在有办法解决了。

陈　继：

假设 B 和 C 实际上是一个完全交换过程，我们这种平衡要达到 100% 吗？还是理想状态？

廖春生：

这个地方完全不完全交换，取决于分离的要求和条件，这个条件就是连接段槽体大小、长短。另外还可以选相对来讲比较容易交换的 B、C，来促进交换完全的程度。比如说用钕去串后面重稀土分离，又比如用镧跟铈镨分离串在一块，这两个搭配，它们分离系数很大，这一段的交换就会很容易，这里哪个串哪个是有讲究的。

吴文远：

一个最近的元素分离系数不得小于多少？

廖春生：

没有小于多少的限制，但是选择合适不合适有代价问题，选择好的话就节约固定投资了。

黄小卫：

成分的比例会变化，就像钇的含量有百分之二十几的、六十几的，分离因素差别比较大，有多大的关系，影响是什么状态？如果完全采用萃取来实现，这个差距会有多大？对铈的分离来说，与还原法相比，有多大的改变？

廖春生：

关于消耗的问题，因为消耗本身是串在联动工艺里面的，消耗不会增加，但会增加一定的投资量。从投资来讲，环烷酸价格要比 P507 低，差不多是 P507 的 20% ~30% 的样子。换成 P507，固定投资是增加的，但是从消耗上来讲，原来用环烷酸是单独一套体系，它该消耗的酸要消耗，P507 体系联动这些消耗就没有了，从长期来讲，这是合算的。

对氧化铈的生产也进行了测算，比如说生产 1 吨氧化铈的生产线，其存槽量相当于 1 个月的产量，跟现在我们正常用还原法生产氧化铈的各个过程的中间产品相当，因为还原法的中间过程比较多。

廖伍平：

矿物溶解部分，水和有机相有没有影响？

廖春生：

实验室的结果，工业上还没有做，实验室没有问题，而且能够完全溶解。

刘会洲：

相转移剂是怎么使用的？

廖春生：

就是配到有机相里面去。

刘会洲：

在整个的循环吗？整个是一套？

廖春生：

是的。相转移剂是不溶于水的有机试剂，不消耗。

廖伍平：

通常叫添加剂。

严纯华：

实际上这个工作结合了过去20多年稀土分离的方方面面的成果，相转移催化反萃的问题，那个思想是于淑秋老师用胺类萃取剂萃取铁时提出的，那时候吴瑾光老师也做过铁的萃取分离，在解决反萃取的时候，他用了这样一个思路，后来我们把这个思路融进稀土里面去了。在整个的这个过程当中，包括有色院所做一系列工作，包括包头稀土院的工作。比如说P507，实际我们对P507有一个反思，204、507、272等萃取剂的使用，在过去还是走了一段弯路，不是非常成功，是应该把这些东西统起来。

现在这里面最大的问题是，理想化的可以把酸碱水的消耗全部清为零。因为稀土矿不是纯的稀土矿，里面有铝、铁还有钙，钙通过皂化水的形式来排掉。

黄春辉：

我觉得整个体系思路还是很好的，少排放碱、少用酸、少用水，这些都是过去的一些没有解决好的问题，现在集成了过去所有经验，都浓缩到这里头来。零排放是一个理想、追求，虽然还不能实现，但是至少少了很多，比如说少80%，或者是更好一点是90%，就是很好的。工业不可能一点都不排放，我觉得总体思路还是非常好的。

钙的浓度到底有多大，这个要看具体的矿，原料怎么样。少量的，如果不是大量的盐溶液来说是可以的，因为钙并不是对人体有害的。泥土里面也有，这一点起码我们现在不追求零的排放，而是减到原来的基础上就可以了。这个想法是各种萃取领域的研究目标。因为现在大体上形成了规模，我想改造费用也不会太大，这个萃取段可能小一点，那个萃取段可能大一点。

廖春生：

这个过程里面可以变很多花样，今天给出的示意图是简单的。像刚才伍平讲的，今天只是讲一个想法。我们现在除了有模拟这一块，优化也用得上。这些设想是在徐先生和各位老师前面的工作基础上，针对现在这个行业的目标和行业的需求进行的。

[A336][P507]在稀土绿色分离化学中的应用与思考

◎陈　继

　　稀土分离研究几十年来我们一直遵循的规律是从新体系开发开始,应用到清洁工艺,然后在产业化实践中检验。从生产实际中发现新问题,解决新问题。新体系开发是我们不断追求一个永恒的目标,目前稀土工业迎来一个重大挑战和机遇,根据新的《稀土工业污染物排放标准》要求对各种污染物排放有了更高的要求,需要进一步发展新的萃取体系和工艺。

　　我们国家目前使用的萃取剂,基本上是以 P507 和环烷酸为主体的溶剂萃取技术,该项萃取技术的发展也有近 50 年的历史,对于我国稀土分离行业作出了很大的贡献。但其在实际应用过程中仍暴露一些问题,主要包括:①酸性萃取剂 P507 皂化萃取引起的氨氮或盐碱化问题,产生环境污染;②缺乏硫酸浸取体系中 F 或/和 P 共存体系下 Ce(Ⅳ) 的萃取分离;③部分相邻稀土(Ⅲ)间 Pr/Nd,Tm/Yb/Lu 等的分离系数低;④重稀土 Tm/Yb/Lu 分离的平衡酸度高、反萃不完全。

　　酸性萃取剂萃取过程是阳离子交换的过程。酸性萃取剂,例如 P507,通过皂化破坏有机相二聚体的存在和强化阳离子交换并维持水相的稳定。皂化过程包括用氨水、NaOH、Mg(OH)$_2$ 及稀土自身皂化,是产生氨氮和盐碱化的重要原因。另外,P507 反萃重稀土不完全,得不到满意的高纯重稀土,导致镥等损失比较严重,目前南方离子型稀土矿分离工艺中镥的损失高达 30% 左右。

　　近年来我们开展离子液体萃取剂的研究,例如[A336][P507]。该结构简单的理解就是将 P507 进行有机铵盐的皂化,有机铵盐常采用 Aliquat336,国内商品名称为 N263。[A336][P507]的结构如图 1 所示,是一种典型的离子液体,所以我们称之为离子液体萃取剂。

图 1　离子液体萃取剂［A336］［P507］结构

　　离子液体的发展始于 20 世纪 90 年代末,是由有机阳离子和阴离子组成的离子对化合物,具有与分子溶剂许多不同的特性。离子液体的出现为寻求新结构的化合物提供了一个崭新的思路。例如,利多卡因多库酯(Lidocainium Docusate)由有机铵类阳离子和有机磺酸阴离子组成,在活性药物组分(API)中有重要应用,起到协同效应。这给我们探索新型稀土分离萃取剂提供了一个崭新的思路。离子液体萃取剂是季铵阳离子和有机酸阴离子组成的有机盐,是有确定结构的单一组分化合物,与传统意义上的两种以上成分组成的协萃混合体系还有本质的区别。该有机盐的稳定性主要依靠正负电荷库伦力和氢键等分组间分子间作用力,在离子自组装(ISA)材料中,该结构具有重要应用,其作用力强度可达共价键能的 70%。

　　离子液体萃取剂的制备过程如图 2 所示,包括将季铵盐［R_4N］Cl 制备成季铵碱［R_4N］OH,然后与有机酸 HA 反应生成［R_4N］A。或者将有机酸 HA 与碱反应生成 A – Na,然后与［R_4N］Cl 反应生成［R_4N］A。前一个制备过程,尤其是利用 KOH 更加简单、低成本,产品的纯度高。此外,离子液体萃取剂制备过程简单,反应时间短,条件温和,产品收率高,适合大规模的生产。申请者利用工业原料 N263(Aliquat336 的国产化的商品)与 P507 制备的［A336］［P507］价格仅为 170 元／千克左右。另外,离子液体萃取剂性质稳定,经过多次循环仍保持其萃取性能。此外,其水溶性较低,溶解度一般小于 50ppm。这些都符合大规模工业应用的潜在条件。

$$RE^{3+} + 3[A336][P507]_{(0)} + 3NO_3^- \rightleftharpoons RE(NO_3)_3 \cdot 3[A336][P507]_{(0)} \quad (1)$$

$$Ce^{4+} + 2HSO_4^- + SO_4^{2-} + [A336][P507]_{(0)} \rightleftharpoons$$
$$Ce(HSO_4)_2(SO_4) \cdot [A336][P507]_{(0)} \quad (2)$$

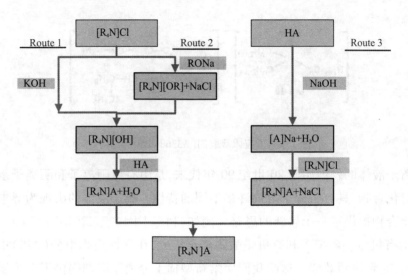

图2　离子液体萃取剂的制备过程

　　离子液体萃取稀土离子的过程机理还是比较复杂的,这种复杂来自于很多方面。其萃取稀土(Ⅲ)和铈(Ⅳ)的机理还是以中性络合机理为主,如萃取平衡方程(1)和(2)所示,同时可能还伴随一些副反应。该过程萃取稀土盐,酸碱消耗比较小,是提高稀土萃取效率的重要方式之一。

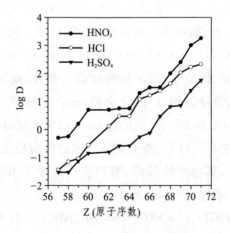

图3　[A336][P507]分配系数与原子序数的关系示意图

[A336][P507]对稀土离子的萃取趋势是随着原子系数增加分配系数增大,如图 3 所示。不同酸性条件下的相对分配系数关系顺序:$HNO_3 > HCl > H_2SO_4$,与酸根离子的水化能 ΔG 顺序一致,硝酸根的水化能最低($\Delta G^\circ = -314kJ/mol$),硫酸根水化能最高($\Delta G^\circ = -1103kJ/mol$)。

P507 萃取稀土(Ⅲ)按照正序萃取,遵循"四分组效应",稀土的分配系数随着原子序数的增加而增大,而碱性萃取剂[A336]Cl 在 HNO_3 体系中通过阴离子交换萃取稀土是倒序萃取,稀土的分配系数随着原子序数的增加而减小。两种效应共同作用,导致[A336][P507]分离稀土选择性增强,相邻元素间的分离系数明显提高。同时,阳离子[A336]$^+$和阴离子[P507]$^-$的离子半径大,空间位阻增加,也有助于提高稀土(Ⅲ)的萃取选择性。模拟实际体系的组分混合物,在 HCl 体系中在轻稀土间的分离系数也有较大的提高,尤其是 Pr/Nd 分离系数 5.79 明显高于 P507 体系的 1.55(徐光宪主编,《稀土》,第二版,1995),见表 1。在 HNO_3 体系中重稀土 Tm/Yb/Lu 的分离系数较大,明显高于目前的 P507 体系(李德谦等,中国发明专利,ZL200510016682.6),见表 2。[A336][P507]的特殊结构对部分稀土离子分离的选择性方面比较突出,与其较大的空间位阻有关。

表 1　HCl 模拟体系[A336][P507]与 P507 轻稀土分离系数的比较

RE(Ⅲ)	Ce	Pr	Nd
La	23.49(6.83*)	26.56(13.86)	153.87(43.61)
Ce	—	1.13(2.03)	6.55(3.15)
Pr	—	—	5.79(1.55)

表 2　HNO_3 模拟体系[A336][P507]与 P507 重稀土分离系数的比较

RE(Ⅲ)	Yb	Lu
Tm	7.92(3.60*)	67.75(6.52)
Yb		8.55(1.81)

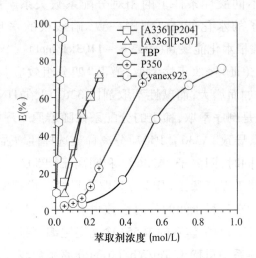

图 4　不同萃取剂浓度对稀土萃取效率的比较

相同条件下在硝酸体系中萃取能力顺序比较：TBP（磷酸三丁酯）< P350（甲基磷酸二甲庚酯）<［A336］［P507］< Cyanex923（图 4）。尽管 Cyanex923 是萃取稀土的优良萃取剂，但成本比较高，且难以国产化，实际应用中还是受到一定的影响。［A336］［P507］的优势还体现在酸碱消耗低，反萃取完全。

离子液体萃取剂应用于 H_2SO_4 体系中萃取铈（Ⅳ）和氟，铈（Ⅳ）与氟以 CeF^{3+} 络合，形成 $CeF(HSO_4)(SO_4)\cdot2$［A336］［P507］萃合物。分离铈（Ⅳ），钍和稀土的顺序：铈（Ⅳ）> 钍（Ⅳ）> 稀土（Ⅲ）。萃取剂的萃取能力比较顺序：［A336］［P507］> Cyanex923 > TBP。对氟的萃取能力有相似的趋势，其结果见图 5。我国轻稀土矿含有近 50% 的铈，将铈（Ⅳ）与稀土（Ⅲ）分离，可以大大减少稀土萃取分离的压槽量，缩短分离流程，降低成本。

结合我国稀土资源及萃取分离的过程特点，［A336］［P507］的应用研究将集中在下述几个方面，主要包括：①利用其对 RE（Ⅲ）分离的高选择性，应用在北方轻稀土矿的 Pr/Nd 分离，南方离子型矿重稀土 Tm/Yb/Lu 的分离；②北方矿中氧化焙烧和碱法焙烧后处理中 Ce（Ⅳ）与 F 和 P 混合体系的分离。当然，实际体系的应用还需进一步解决低成本大规模制备工艺，强化对过程机理及有

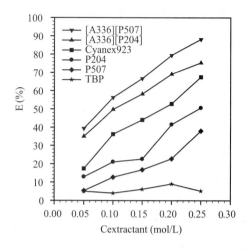
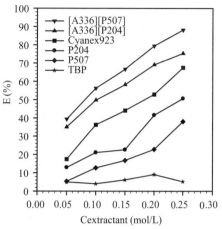

图5 不同萃取剂对 Ce(Ⅳ)和 F 萃取能力比较

机相分析检测方法的研究和对体系的综合评价与分析等相关问题。

总之,基于[A336][P507]的离子液体新萃取剂体系和分离体系的研究,将对稀土绿色分离和清洁分离工艺技术发展产生积极作用。[A336][P507]离子液体萃取剂萃取稀土采用内协同中性络合萃取机理,改变了 P507 萃取稀土的阳离子交换机理,无氨氮污染和盐碱化问题,同时减少酸碱消耗;硫酸浸取液中有效提高了 F 及 P 条件下的 Ce(Ⅳ)提取分离;主要相邻稀土 Pr/Nd,Tm/Yb/Lu 间的分离系数得到明显的提高,解决了重稀土反萃取不完全的问题。上述基础理论和关键技术的突破及进一步的发展对北方矿铈(Ⅳ)、钍和稀土的高效分离,和回收氟、磷的新工艺流程,以及南方离子型矿重稀土高效分离的集成新工艺流程具有重要的理论和实际应用价值。将为满足《稀土工业污染物排放标准》的稀土绿色分离工艺流程,提供有力的理论基础技术支撑。

严纯华:

陈老师提出了一个非常好的思路,而且把两种传统的萃取剂用一个全新的思想串联到一起,并且测定了它的基本的参数,我觉得这是一个非常好的方向。我的问题是一个非常简单的化学问题,当这两种离子形成离子液体的时候,它们的相互作用率决定了它们萃取过程当中,应该是这样一个萃取剂永远存在于油当中。假如阴阳离子之间,大阳离子和大阴离子结合比较强,它们是可以保持的;如果强度不够,会不会增加其中某一个阳离子,或者是阴离子,特别是阳离子,在水相中的溶解度?

陈 继:

我由后往前回答,从溶解度来讲,由于阳离子比较大,所以整体水相溶解度比较低。关于[A336][P507]离子液体萃取剂的设计和制备是借鉴美国氰特公司的新产品Cyphos@104,[R_4P][Cyanex272],其阳离子为四烷基取代的季磷盐,阴离子为Cyanex272。利用Cyphos@104开展了萃取稀土的研究,显示其较高的重稀土离子的分离选择性。但由于季磷盐成本比较高,而且毒性也较大,我们就考虑到用更廉价和毒性的季铵盐来替换季磷盐,这就是[A336][P507]离子液体萃取剂制备的原始思想。关于[A336][P507]稳定性的问题,大概相当于共价键的70%左右。但是具体到这个体系,这是很复杂的问题了。此外,[A336][P507]在有机相中以离子对形式存在,并不解离,这是非常重要的原则。另外,其在水中溶解度相对很低。可以参考的数据是Cyphos@104在水中的溶解度为16ppm,[A336][P507]应该是相近的。

黄春辉:

从萃取机理来说,从前是靠离子交换,是氢离子跟稀土离子交换,现在阴离子跟阳离子都在有机相,靠无机离子对,应该说它既然有上去的倾向,下来的倾向也是一样的,难上去就容易下来,反之也是一样。那么,萃取的机制是什么?

陈 继:

按照目前的实验结果,我理解这个机理与下述过程相关:首先通过氢键作用,[A336][P507]萃取部分硝酸,然后稀土硝酸盐与硝酸竞争,进入有机相。这就有了稀土离子分配系数随pH值变化的关系。同时可以利用更高浓度的硝酸来进行反萃。

黄春辉:

靠酸来使它上去和下来?

陈　继:

对,实际上讲应当是它们之间的一种竞争。

黄春辉:

季铵盐的这部分,跟阴离子结合,为了保持电中性而上去?

陈　继:

我们通过斜率法得到的萃取方程,还是基本上靠经验的方法,至于真正部分结构还没有找到有效手段来分析。稀土萃合物的结构,尤其是溶液中的状态分析还是比较困难的。但是从萃取剂、反萃取以及循环利用上来看,这个规律还应是主要的萃取机理。

黄春辉:

实际上它是有一个上下,现在我觉得萃取容量肯定要比原来低得多了。因为原来 P507 是三个 P507 能够萃一个稀土元素,现在本身又加了一个季铵盐上去,季铵盐上去问题就大了。另用萃取也不是 1:3 的问题了,最后是多少?

陈　继:

黄老师您看基本是 1:3 的,对稀土硝酸盐来讲,萃取一个稀土硝酸盐分子需要 3 个 [A336][P507]。

黄春辉:

3 个季铵盐,这个比例是确定的?

陈　继：

是这样的,也可能是表观的。

刘会洲：

刚才严老师说的是萃取水相,我正好想问一下水在有机相中含量是多少?

严纯华：

他问的这个问题可能是出于这个思路,在传统皂化体系,用溶解来皂化有机相的时候,有机相里面的含水量最多可以达到30%,似乎不需要水,有机相在萃取过程当中没有水的交换问题。

刘会洲：

现在这个概念,我们最早利用类似于季铵盐和磷酸这个萃取体系,做萃取铁的时候,我们曾经用过,但是不一定是你说的这个比例。实际上,做的时候发现有机相中水含量比较高。不仅是酸性的,比如说P204和TRO要混合也有一个同样的特点。

严纯华：

水在这里面当配体用的。

陈　继：

有可能。

刘会洲：

因为只要有酸,反应速率应该是提上去了,比传统的要快,因为它是整个就上去了。

陈　继：

到这个层面就更复杂了。P507 研究了几十年,规律还没有完全弄清楚,这个体系还没有太清楚。

水现在还没有做到那一步。但是有一点,[A336][P507]与 N263 和 507 混合体系比较,效率要更高。

李永绣：

在盐酸体系中怎么样?

陈　继：

也可以。

李永绣：

反萃还是用酸?

陈　继：

用酸反萃。现在为什么说这个是主要的过程,我也不能说完全的没有游离自由的 P507 或者是 N263,但是我们制备[A336][P507]的时候保证它的纯度为 90% 或者更多一些。

李永绣：

酸度反萃的时候能不能打开?

陈　继：

实际上取决于最后的稳定性,稳定性强打不开,稳定性弱了也打不开。

黄　昆：

你这个工作有没有做过动力学? 速率怎么样?

陈　继：

　　动力学做过。速率还可以，上次在美国开会的时候，邓岳峰做的那个报告就是动力学的，这方面没有发现和我们传统比较大的区别。

赵君梅：

　　高酸高碱中的稳定性测过吗？

陈　继：

　　高酸稳定性无外乎就是酸度高的情况下会不会分解，因为[A336][P507]萃取和反萃取稀土离子都是在较低的酸度条件下，不会像 P507 那么高的酸度，而且阴阳离子都比较稳定，不会轻易发生降解。离子液体结构的稳定性是其概念的一个基本问题，离开这一基本原则，离子液体概念就没有意义了，离子液体作为催化剂也有类似的应用。

陈占恒：

　　什么叫离子液体？

陈　继：

　　离子液体就是由阴、阳离子组成的离子对化合物，其中有机阳离子一般包括季铵盐离子、季膦盐离子、咪唑盐离子和吡咯盐离子等。

液—液—液三相萃取分组分离多稀土共存复杂溶液

◎刘会洲　黄　昆

　　溶剂萃取是稀土元素相互分离与提纯精炼最重要的方法。对于多稀土共存复杂溶液,由于稀土元素间化学性质极其相近,相邻元素分离系数小,实际生产过程中萃取分离获得高纯单一稀土产品的难度较大。我国稀土科技工作者自20世纪50年代以来对溶剂萃取法分离稀土进行了大量研究,所提出的以P507和环烷酸为代表的稀土萃取体系,为建立具有我国特色的单一稀土全萃取分离技术奠定了基础。传统的有机—水两液相体系萃取分离多稀土共存复杂溶液,一般需要在萃取之前预先调整溶液酸度,然后依靠不同稀土元素在不同pH值条件下萃取能力的差异进行不断分组分离。如果稀土共萃进入有机相或料液中含有其他非稀土元素,还需要经过多步的洗涤或反萃工序,导致整个分离工艺流程冗长,分离级数多,极易造成金属分散损失。特别对于南方离子型稀土矿,浸出液中稀土金属浓度极低,传统萃取分离工艺获取单一高纯重稀土难度极大。

　　我们提出从调控萃取体系成相行为出发,利用液—液—液三相体系,将轻、中、重稀土元素或非稀土元素、易萃稀土元素、难萃稀土元素分别选择性富集在三液相体系的上、中、下三相,从而实现分组分离的创新观点。液—液—液三相萃取可实现多稀土共存复杂溶液中不同稀土元素、非稀土元素在具有不同物化性质的三个液相间迁移传递行为人为可控,从而可实现稀土萃取分离工艺短流程和过程强化。

　　液—液—液三相萃取分离多稀土复杂溶液新技术,突破了传统液—液两相萃取需要反复调整溶液酸度实现分组分离稀土的技术框架,对促进稀土萃取分离理论发展及相关技术进步是一大胆探索,具有重要意义。相关工作得到了国家"973"计划、国家自然科学基金、国家自然科学基金委创新群体等项目的资助。

严纯华:

这些新方法、新技术是非常重要的。在过去的30年,可能我们过多地依赖于已经成功应用的一些技术。如果我们看国际刊物,就会看到一些让我们认为可能很幼稚的方法,但他们依然在探索,因为没有幼稚的就没有高深的。如果没有人继续探索,这个领域就不再有可能发展了。陈继老师,包括刚才刘会洲老师他们谈到的,还有黄小卫老师将给大家介绍的内容,都是特别重要的。

黄小卫:

我请教一下三相萃取分离稀土的作用在哪儿?

刘会洲:

我想是这样的,因为稀土元素分离系数小,传统的两液相萃取分离选择性不够。三液相体系多了一个液相,也就多了一种分离的介质。三相体系中三个液相的物化性质差异小,与我们所说的相似相溶的原理一样,有可能使得过去两液相萃取分离系数小的稀土元素得以强化分离。

黄春辉:

三相萃取分离的想法很好。能否实现轻中重稀土粗分,等于是先分三组?

刘会洲:

是的,先粗分三组,然后再分别提纯精炼。

高效清洁萃取分离稀土技术进展
◎黄小卫

　　很高兴能参加今天的稀土沙龙,刚才几位老师讲的很新颖,提出了一些新的思路。下面,我把近几年在稀土分离方面做的一些工作和一些新的想法跟大家交流讨论。

　　我国稀土科技工作者经过几十年的奋斗,开发了一系列先进的稀土冶炼分离技术,并广泛应用于工业生产,使我国稀土冶炼分离科技与产业处于世界领先水平,在世界上具有非常大的影响力。但目前工业上常用的工艺很多已经应用了几十年了,虽然做了大量改进,但仍存在一些环境污染问题,难以适应现代社会发展的要求。由于稀土矿物很复杂,元素之间性质很相似,分离难度大,因此,稀土分离过程要消耗大量的酸、碱、盐等化工原料,目前基本未回收利用,均以三废的形式进入环境,对环境造成严重影响。我们今天讨论的主题就是如何高效清洁地分离提取稀土(图1)。

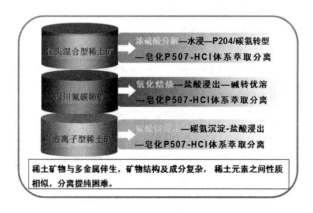

图1　我国稀土冶炼分离主流工艺

目前,稀土分离过程中产生的主要污染物为含硫、氟废气;含氨氮、氟、磷、放射性核素钍的废水;含放射性废渣。如稀土矿中伴生的钍资源未有效回收利用,进入废水和渣中对环境造成污染。对于钍的回收利用,应化所做了大量的研究工作,但由于钍的应用有限,目前整个稀土行业基本没有回收,大部分进入废渣堆存,对环境造成污染,这也是稀土行业应该解决的问题。

关于萃取分离过程中的氨氮废水污染问题,目前很多企业已用液碱,钙,镁替代液氨,但是又带来了盐的污染问题,这也是目前行业比较突出的问题。

2011年,国家环保部对稀土企业进行了环保核查,很多企业都投入大量资金进行了环保改造,大部分企业已通过环保核查,但是目前主要是从末端治理来解决污染问题,即产生的三废再经过处理达标,进入三废的资源未回收利用,另外成本大幅度增加。我们现在研究的主题是如何从源头减少排放,开发清洁生产工艺。

下一步如何解决盐的排放问题,首先要从源头减少酸或碱的消耗。在稀土的分离过程中,酸碱消耗非常大,分离1吨稀土氧化物要消耗8~10吨的酸,7~8吨的碱,这些碱和酸将转变为盐的形式进入废水中,回收利用成本很高(图2)。只有从源头减少,水的后续处理压力就会小多了,这也是我们今后要重点解决的问题。

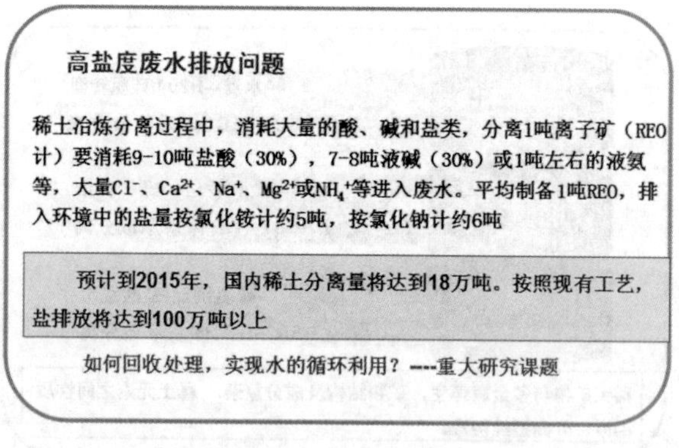

高盐度废水排放问题

稀土冶炼分离过程中,消耗大量的酸、碱和盐类,分离1吨离子矿(REO计)要消耗9-10吨盐酸(30%),7-8吨液碱(30%)或1吨左右的液氨等,大量Cl^-、Ca^{2+}、Na^+或NH_4^+等进入废水。平均制备1吨REO,排入环境中的盐量按氯化铵计约5吨,按氯化钠计约6吨

预计到2015年,国内稀土分离量将达到18万吨。按照现有工艺,盐排放将达到100万吨以上

如何回收处理,实现水的循环利用?——重大研究课题

图2　稀土冶炼分离过程中的污染问题

近十年来,北京有色金属研究总院针对目前稀土分离行业存在的三废污染问题,在前人工作的基础上对稀土分离工艺进行改进创新,开发了一些具有自

主知识产权的稀土绿色分离提纯技术。如非皂化萃取分离稀土技术,包括协同萃取技术、钙镁预处理有机相技术、萃取体系稀土浓度梯度控制技术,并在多家稀土企业推广应用,从源头消除氨氮废水产生,并减少化工材料消耗,降低生产成本(图3)。

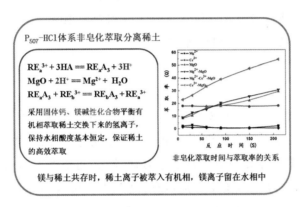

图3　非皂化萃取分离稀土新技术

近几年,为了解决氨皂化有机相带来的污染问题,我们开发了一种新型皂化剂,以轻烧白云石(氧化镁和氧化钙)为原料,经过消化、碱转、碳化,制备出纯净的碳酸氢镁溶液,用于有机相的皂化,产生的氯化镁废水返回碱转工序制备氢氧化镁,然后再进行碳化制备碳酸氢镁溶液,镁循环使用。有机相皂化过程、稀土碳酸盐及草酸盐焙烧过程产生的二氧化碳,以及锅炉产生的二氧化碳均可以回收用于碳化制备碳酸氢镁溶液。

目前正在进行2000吨规模的工业试验,碳化率能够达到95%,碳酸氢镁与稀土交换率大于95%,稀土萃取率大于99%,有机相皂化过程产生的CO_2得到高效回收利用,CO_2纯度达到99%以上,回收率达到95%,减少了CO_2温室气体排放。但由于工厂锅炉烧的是稻壳,二氧化碳气体浓度太低,回收效果不理想。另外,产生的高浓度氯化钙/镁废水需进一步回收处理。

南方离子吸附型稀土矿是世界罕见的富含中重稀土资源,目前均采用硫酸铵浸取,一般生产1吨稀土矿要消化7~10吨硫酸铵,沉淀过程也要消耗大量的碳酸氢铵,这些铵盐全部进入环境,对整个矿山水资源造成严重污染。

近几年,我们开展了硫酸镁作为浸取剂浸取离子型稀土矿探索性研究,实验室浸取结果与硫酸铵基本一致。采用菱镁矿、氧化镁作为原料制备硫酸镁，成本会大幅度降低。关于镁对环境的影响问题，我们还要继续开展一些研究工作，浸取液可以循环使用，矿山浸取完成后可用水进行顶洗，减少硫酸镁或者氯化镁在环境中的残留，最终回收稀土后的废水可以中和使镁固化，废水可处理达标排放。硫酸镁或者氯化镁废水比氨氮废水处理难度要小得多，而且低含量硫酸镁或者氯化镁对环境影响比较小。

严纯华：

有色院、北大、甘肃稀土三家合作，将近几年开发的稀土绿色分离新技术在甘肃稀土公司建成了稀土氧化物分离生产示范线，在规模、化工处理消耗、环保、装备及控制水平等方面都取得了很好的结果，两个多月前由中国有色金属工业协会组织进行了技术鉴定。应该说，这是在新时代稀土分离技术方面"产学研"有效结合的典范，甘肃稀土公司是典型的工业生产企业，有色院是典型的工程化研究院，北大的优势是基础研究，三家紧密合作，取得了很好的效果。我问一个问题，用镁或者是钙来代替铵的时候，有没有从环境方面进行评价？虽然我们现在只限制废水中氨氮的含量，对盐的含量还没有严格的规定。有没有与搞地质的，或者是做环境的人探讨，镁或钙离子进入黏土中以后，从环境效应来说有没有负面的影响？我们从工艺角度来说，现在限制什么，我们回避什么，这是最直接的应对手段，从长效来说，不知道搞环境保护的人会怎么看待这件事情。

黄小卫：

我们从文献资料方面进行了一些调研，硫酸镁对环境也会有一些影响，如浓度高会使土壤盐碱化，对地下水比氨的影响小一些。我们在实施过程中，可以减少它们在环境中的残留，最后要排放的废水经过中和处理使镁变成氢氧化镁固体回收，并可以用于下一个稀土矿山的浸取，实现循环使用，废水经过处理可以达标排放，这些工作还有待于进一步研究。

吴文远：

硫酸镁弄不干净，排到水里，人喝了，或者是牲畜喝了会怎么样？肯定得有一个界限，超过这个界限肯定有影响。

黄小卫：

超过一定量都会对环境有影响，所以必须经过处理，使废水中的镁、钙固化，废水达到排放标准。目前，包头矿硫酸焙烧浸出液均采用氧化镁中和除杂，产生大量硫酸镁废水，也需要进一步处理。

林东鲁：

目前稀土冶炼分离过程中氟的污染问题更突出，把盐对环境的影响问题掩盖了。

稀土资源中伴生放射性元素钍的回收与纯化

◎廖伍平

我国主要的稀土资源如包头矿和四川矿都含有放射性元素钍,典型的包头矿里面,大概含有2‰左右的钍,四川矿也差不多,也在2‰~3‰。我国的钍资源可开采储量在28万~30万吨,其中包头大概22万吨约占80%,四川占5%左右。目前,我国开采出来的稀土资源中所含的钍资源并没有得到回收,一部分进入在尾矿,一部分散失到了环境之中,包头和四川的情况基本一样,其主要原因在于钍没有明确的应用出口。南方离子型矿中的钍一直没有得到重视,原因在于浸出液的浓度比较稀,所以基本上没有放射性。但在中和除杂过程中产生的废渣其实具有较高的放射性。因此,为了减少钍对环境的放射性污染,必须对稀土资源中伴生的钍进行回收,这也是2011年颁布的《稀土工业污染物排放标准》的要求。

此外,钍是一种重要的核能原料。对于我国来讲,发展钍核能具有先天的优势。尽管前段时间有报道说,在内蒙古进行煤炭勘探的过程中,发现了一个特大型的铀矿,而且其中铀的含量比一般矿要高一些,但是要重新要开一个矿提取铀,需要投入很多的人力和财力,也会对环境带来一些不好的影响。而钍的开采不存在这个问题,不管我们愿意不愿意,只要开采稀土,钍就要被提取出来。因而,采用钍作为核燃料对我国具有经济方便的现实意义。

我国在钍的回收与纯化方面已有了较长的研究历史,且取得了较好的结果。在20世纪50年代的时候,长春应化所的前身为了提取出钍做催化剂,开始了钍的提取研究。后来我们为了做钍的核反应堆(当时与印度、美国同步),也开展了高纯钍和氟化钍的研制工作。后来由于众所周知的原因,这方面的工作没有继续进行下去。20 世纪 70 年代,长春应化所提出了伯铵 N1923 分离钍的工艺,并在随后的一段时间内将该工艺与包头和四川两种特色稀土资源相结合,进行了清洁流程的开发。

对于包头矿,由于高温焙烧过程中钍能与磷酸反应生成不溶性焦磷酸盐,因而包头稀土清洁冶金流程将高温焙烧过程改为低温焙烧,使钍容易浸入溶液内,然后再通过 N1923 工艺将其提取出来。在实施国家产业化示范工程时,成功回收到了数吨氧化钍产品。相比高温焙烧工艺,经过低温焙烧后钍基本上都被浸出,N1923 回收钍的收率在 93% 左右。

四川矿的情况类似,原来是没有进行钍的回收。攀西稀土矿清洁冶金流程采用氧化焙烧之后直接用硫酸浸出,通过中性膦 Cyanex923 选择性分离四价铈之后,再用 N1923 将钍提取出来。通过这个工艺,90% 以上钍都能够得到回收,钍的纯度比较高一些,能够到 99% 以上。

这两年针对我们钍核能研究的部署,长春应化所开展了高纯钍和核纯钍的分离制备研究。筛选出了新的萃取体系,与 TBP 相比较,具有更强的萃取能力和比较好的反萃性能。进行了该萃取体系分离钍的串级萃取试验,以四川矿清洁流程回收得到的钍产品为原料,成功纯化得到了 4N 以上的钍样品。并进一步优化了工艺条件,已经可以连续稳定地得到 4N 以上的钍产品。

总的来说,我国在稀土资源中伴生钍的回收和纯化方面已具有较好的研究基础,完全能够将钍进一步纯化达到核能利用的燃料要求。应结合当前钍核能开发的热点,加大投入、集中力量进行核纯钍制备技术的开发,以期提出钍的附加值,促进企业回收钍的积极性。因此,我建议:①从钍的提取、分离和制备方面加强部署,同时国家建立钍的储存制度,收购回收来的钍产品;②为了适应钍研究的发展,应该建立我国核燃料级钍的技术标准和生产工艺规范;③稀土分离应延伸到核燃料后处理中的稀土与放射性核素的分离、稀土同位素的提取。

吴文远:

我有一个不懂的地方,我们国家从整个核能发展角度对钍的需求,和现在包头矿、四川矿等回收钍,这两者之间的平衡要求是什么?

廖伍平:

现在一年 10 万吨的稀土开采量,大概产生 300 吨的氧化钍,对于核能燃料的需求来讲是远远不够的。如果现在纯粹用铀的话,一年保守估计也得 1000 多吨,而当前我们国家铀的产量在 1000 吨左右(也可能会高一点)。到"十二五"中期,整个核能发电要到 8000 多万千瓦时。

张安文:

"十二五"规划是到 2020 年 8800 万千瓦时。

廖伍平:

铀绝对不够了,若我们把钍加进来也是不够的。

严纯华:

铀的缺口将近一半,我们要进口一半。

李星国:

还不是短期能够解决的。

张安文:

到你这一块(高纯化)?

廖伍平:

到我这块应该是没有多大的损失,高浓度进去,然后出来一部分,剩下一部分基本是循环,损失大概 2% ~3%。

严纯华:

钍是有放射性的,很多稀土厂没有放射性处理资质,只有上海(跃龙)具备这个资质,其他企业都不具备,在生产上面有什么危险,或者是特殊的问题?现在城里最难受的是建垃圾厂。

廖伍平：

钍的放射性主要来自 α 粒子，但 α 粒子的能量比较低，比较弱，而且跟 β，γ 都不一样，比较好防护一些。钍多了的话会有氡气产生，但只要把通风做好，空气循环做好，氡气的问题不大。其余来讲，我认为，少量钍跟稀土没有什么大的区别，只要不进到体内，不进到血液里面就没有什么影响。

严纯华：

只要不形成内照射。

廖伍平：

基本类似于重金属离子。

李星国：

现在民用有哪些，做催化剂还有人用吗？

廖伍平：

民用的不是很多。做催化剂好像没有了。原来还有一段时间做合金，包括飞机上面的合金，因为现在有别的合金替代，因为钍毕竟还是有一定的放射性，所以不用了。好像没有看到新的合金方面应用的报道。

李星国：

电子发射对人有多大影响？

廖伍平：

这个应该这样说，能够不用大家就不用，现在技术也很发达。

杨占峰：

放到核电站里头的钍，到底进行得怎么样了？

廖伍平：

目前可能是一个尝试和实践的过程。

杨占峰：

什么时候可以有大量的用途？

廖伍平：

这个我回答不出来。核电分不同的堆型，熔岩堆，用的是氟化钍，溶解在熔盐里面，在整个管道内循环，浓度不够了，把它放出来一部分，再添加一部分新的，旧的拿去处理，新的接着循环。

杨占峰：

这个如果要是混用还挺麻烦。关于高温胶体，现在我们做了，很容易出来了。

李永绣：

原来跟王院长他们说的，一个是做汽车上的发动机，日本、美国已经有样机出来了。

廖伍平：

第一个要解决的问题就是足够小的加速器装置。

黄春辉：

咱们中国怎么不用来发电？

张安文：

核燃料后处理有些问题。

林东鲁：

基本上是钍。

严纯华：

我跟核二院讨论过这个事情，为了确定"973"的研究方向。问题在于，核工业的所有装置和流程都是标准先行，需要建一套符合规范的标准，跟环境、人体、生物的，钍的体系没有标准，到现在为止没有标准。而标准的建立，少则10年，多则30年，它需要评价整个的动物试验。

黄春辉：

印度已经做了。

严纯华：

印度起步早，30年前就起步了。

张安文：

最近刚刚批准新的国家2020年核电站的建设规划，调高了1000万千瓦，原来7800万千瓦，现在8800万千瓦。沿海各省基本都批了，内地暂时没有批，有新的机会，新的机遇。

稀土白光 OLED 发光材料及器件的研究

◎张洪杰

我今天听了大家讨论,的确很受启发,大家一直都在想环境污染的事情,因为环境是头等大事。特别对包头整个稀土概况、储量有新的认识,对我们搞稀土的人非常关键,尤其是分离。我看越做越清洁,越做纯度越高,你们做出来那么好的稀土原料,我们得用上,我们的这个工作一直是在严纯华院士的带领下进行的。严老师是首席科学家,黄春辉先生和我是课题组组长,我们一起做了两个"973"计划项目,黄先生对我的指导非常大,我们做了很多的基础研究,北大这方面的工作做得非常出色,在黄先生带领下,我们两家希望把稀土材料和OLED 器件做好了,以后用上。

稀土元素是非常大的发光宝库,大多数都是有发光性能的,不发光的元素很少,只有四五个。关键是可以从真空紫外、紫外、可见到近红外,覆盖的面非常广,有哪些需求,我们可以选其中某一段作为材料的应用,我这里重点说一下稀土有机配合物。今天要说的白光 OLED,它可以用于航天、航空、荧光成像、照明及显示等,用途很广。

从国际和国内的角度,稀土的电致发光是非常有用的,这些原理都不介绍了。小分子配合物的电致发光有两种,一种是过渡金属配合物,另一种是稀土配合物,同时还有聚合物电致发光,聚合物的电致发光作的很好,也很稳定。谱带比较宽,色纯度不是太好,过渡金属铱配合物的电致发光作的也很好,很稳定,但谱带也比较宽,色纯度也不是非常好。稀土有它的特点,稀土色纯度非常高,谱带非常窄。另外量子效率理论上可以达到近 100%,因为这里面除了荧光,还有磷光,我们把磷光用好了以后,可能效率就会更高。但是,稀土电致发光还有一些关键科学问题需要解决,其稳定性不够好,电子传输性能不够好,还有稀土怎么选择,过程很复杂等。我们解决的方法是通过配体设计,提高它的性能,稳定性和效率,获得优良的系列电致发光材料。

简单介绍一下开始做的一些基础研究性的工作,快速给大家说一下,配体化学修饰中,用氟来取代氢,减少氢离子振动等方法很有效,可以提高电子发光性能。

我们早期做这些配合物,二元、三元的,有用氟取代,也有不用氟取代的。通过比较光致发光和电致发光的光谱可以看出,发现二元的没有三元的好,另外,不管是二元氟取代也好,还是三元氟取代也好,氟取代还是起到一个大的作用。电致发光情况跟光致的发光情况是一样的,光致发光好了,不一定电致发光就好,但是要得到一个好的电致发光器件,光致发光必须好,这是一个非常难的工作。总体来说配体的修饰对器件效能提高非常大,我们做了稀土铽配合物的电致发光,比较早了,都是2001、2002年的一些工作。铽这些配合物,不详细介绍了,我们做出来的光致发光有3个峰,强度是依次递增的,从比较低的波段到长的波段依次升高。到电致发光是有些变化,比如掺杂稀土配合物的过程中,浓度从1%～3%,电致发光最好时的浓度是2.5%,所以,浓度掺杂大小对电致发光性能也是有很大的影响。刚才看到光致发光是那种趋势,到电致发光时这三个发射峰都在,但其强度不同,所以它有很多影响因素,我们只能精细研究它,才会使其性能有比较大的提高。

另外,我们通过设计合成了一些吡唑酮的衍生物,首先研究了光致发光,然后研究电致发光,进行设计得到的器件效果非常好。

稀土电致发光器件的光谱非常窄,色纯度很好,我们也做了一下红外的电致发光器件,都是在国际上做得比较好的工作。

另外对配合物,我们可以引入一些官能团修饰它,用氟原子来取代氢原子,3氟,5氟,7氟,15氟取代,看它情况是怎么样的,它的变化还是很明显的,我们通过筛选发现,5氟的取代比较好,电致发光器件性能很好,稳定性也不错。

我们做出的电致发光性能结果,与很多文献比较,不仅达到文献水平,有的比文献水平还要高。

除了从材料的角度提高器件的性能之外,要从器件的工艺入手提高其性能,所以器件优化是非常重要的。我们用的器件结构是四层的,第一层是空穴传输层,第二层是发光层,第三层是空穴阻挡层,第四层是电子传输层。我们非常希望电子和空穴能够在发光上面进行复合,能够得到我们所要的非常纯的发光,而且性能比较好。器件结构中,每层的厚度对器件的影响是很大的。比如电极氟化锂的厚度调整好了,可以使器件的性能有很大的提高,最大外量效率提高到 5.15%,最大功率效率可以提高到 5.35 lm/W,器件优化非常重要,而且我们怎么样能够延缓器件的衰减,这对提高器件的性能是非常重要的。

另外,研究了稀土配合物掺杂到主体材料中浓度到底是多少比较合适,通过大量的实验结果发现,稀土配合物掺杂 0.3% 摩尔比较合适的,可以使得器件的效率提高 85%,器件的亮度提升 74%,因此要做大量的器件优化工艺方面的工作。

通过大量的器件工艺优化结果,我们发现,器件的每一层厚度和蒸发速度都要精确地控制,才能使整个器件的性能大幅度的提高。比如空穴隧穿发光,控制不好发光,器件的色纯度不好,所以针对怎么控制它,我们也采取了一些办法,控制空穴的隧穿和电子的注入,可以通过调整 LiF 厚度来控制电子注入速率,使电子积累减少,结果 BCP 发光就没了。我们通过使用不同的稀土离子作为发射物质,可以得到红、绿和蓝色的电致发光器件,最终得到白光电致发光器件。我们把器件优化工艺用到过渡金属配合物的电致发光上,发现也是非常有效的,所以器件优化工艺非常重要的。我们和南京大学合作,做出的一个过渡金属铱的配合物(图略)。铱的配合物形成一个比较大的稳定的共价键,电子输运性能比较好。通过优化器件工艺,器件的各项指标,特别是稳定性可以达到国际先进水平。

蓝绿色器件的起亮电压为 3.3V,在电压为 11.5V、电流密度为 589.9mA/cm^2 时,器件获得最大亮度 56678.8cd/m^2。最大电流效率为 35.22cd/A,最大功率效率为 26.36 lm/W。绿色器件的起亮电压为 2.9V,在电压为 11.5V、电流密度为 825.9mA/cm^2 时,器件获得最大亮度 112352.4cd/m^2。最大电流效率为 90.68cd/A,最大功率效率为 98.18 lm/W。

我们又做了一些,比如绿光 Ir(ppy)$_3$ 的电致发光器件,在电压为 11.5V、电流密度为 488.6mA/cm^2 时,器件获得最大亮度 102839cd/m^2。器件的最大电流效率为 118.79cd/A,最大功率效率为 120.32 lm/W。如果加上增透膜功率效率将会增加一倍。目前我们做出来的这个器件跟国际比也是相当的,国际上也是这样一个水平。国际上也通用这种膜,可以把效率提高一倍左右。白光器件也能做得比较好,纯白光器件的最大正向电流效率为 45.56cd/A,最大正向功率效率为 46.12 lm/W,最大亮度超过 45000cd/m^2,工作电压小于 11V。暖白光器件的最大正向电流效率为 50.83cd/A,最大正向功率效率为 49.87 lm/W,最大亮度超过 50000cd/m^2,工作电压小于 12V。纯白光主要对我们中国人的,黑白眼球眼睛比较舒服。但是西方人是蓝眼球,喜欢暖色的,对纯白光他们感到眼睛不舒服。实际上亮度并不太重要,因为都能达到,关键是器件的稳定性是很重要的。

我们做了红光、绿光和蓝光面板 55mm×30mm,都取得了较好的实验结果。目前,红色有机电致发光器件的主要问题有:工作电压高,效率衰减快,发光亮度低,热稳定性能差。通过设计双发光层器件结构,引入稀土配合物作为载流子注入敏化剂并精密调节掺杂浓度,有效地平衡了电子和空穴的注入,从而提高了器件的发光效率;同时通过拓宽发光区间来延缓器件效率的衰减,从而获得了高效率、高亮度、低工作电压的红色有机电致发光器件。

器件的光谱主峰位于 588nm,器件的起亮电压为 3.1V,在电压为 12.2V、电流密度为 828.4mA/cm^2 时,器件获得最大亮度 106829cd/m^2。器件的最大电流效率为 65.53cd/A,最大功率效率为 67.20lm/W。

现在我来汇报一下 OLED 的前景,在照明方面,从白炽灯→荧光灯→白光 LED 灯→白光 OLED 照明,白光 OLED 肯定是未来的一个方向。因为 LED 照明是一个点光源,OLED 是一个面光源,手术的时候 LED 灯就不行,因为有影,用这个白光 OLED 就是无影灯。

白光 OLED 照明是 OLED 产业的另一个希望,它带来了新的契机和极具潜力的市场,注定要开创 OLED 产业的新局面。白光 OLED,顾名思义,就是发射白色光的 OLED 器件;通过选择发光材料、设计器件结构,将红、绿、蓝三种颜色的光按照特定的比例混合即可得到视觉效应上的白光发射。根据应用需求,可以调制出冷白光 OLED、纯白光 OLED 和暖白光 OLED。与 OLED 显示器相比,白光 OLED 照明产品不需要复杂的驱动系统,所以不受薄膜晶体管背板技术的制约,因而具有相对较低的技术门槛。而且,对比 OLED 显示器产业,白光 OLED 照明所需投资成本较低,周期短速度快,对周边产业规模和产业链的依赖程度也低。2010 年 9 月,DisplaySearch 预估 OLED 照明产品的市场将在 2012 年开始快速起飞,预计在 2018 年达到 60 亿美元的规模。实际上,我国的半导体产业起步晚、成长慢,比起欧美和日本企业没有技术和产业规模的优势,因而导致 OLED 显示器的研发和生产困难重重。反之,白光 OLED 照明产品因为不受薄膜晶体管背板技术的制约,所以在与欧美企业的竞争中不存在更多的技术和产业规模劣势,适合国内的企业在短时间内打开局面扩大规模。

下面,谈谈 OLED 照明产品的应用领域:

OLED 光源由于其独特的二维平面光源特性,可透明、可双面、可柔性等全新特点,迥异于传统光源,开启了全新照明设计的大门,有无限的创新可能性,一些全新的照明应用成为可能,例如照明墙、照明玻璃窗、照明窗帘等。OLED 照明轻薄,全固态,可用于室内外和汽车、轮船、飞机等承载工具的灯光照明和灯光信号指示,可为各种测量设备如显微镜提供标准光源和背景光源。OLED 照明发展的长远目标是进入最为广泛的通用照明应用领域,为全世界的家庭和学校、医院、商场等公共场所提供高质量的照明。德国人于 2012 年 4 月推出 OLED 照明台灯。这个将来进入家庭是非常容易的事情,成本也比较低。

我们国内有长期基础研究的积累,在设计合成新材料和器件工艺优化方面有我们自己的特色,大家一起合作,相互支持,相信白光 OLED 照明是大有希望的,我想就是三年或五年的时间就有可能获得应用。

黄春辉:

张老师不只是说他们的工作,整个稀土应用里面重要的一项发光,以发光为切入点,开始做这个事情,这是他的主要观点,大家听了以后觉得有什么问题,或者没有听清楚的,有什么异议的,咱们可以讲出来。

李永绣:

主要的问题就是稳定性,有一些评价。

张洪杰：

稳定性是最关键的，稳定性就是刚才讲的电流强度对亮度效率及流明效率的曲线，如果衰减得非常快就不稳定，如果衰减很慢或不衰减，稳定性就非常好，亮度也高，效率也高，卞祖强老师做了系列稀土配合物很好，下面他会给大家介绍。因为我们做得比较有特点，主要集中在稀土，现在过渡金属配合物电致发光和高分子的电致发光国内外做的人多，也很好，应该说比稀土的要好，而且过渡金属配合物电致发光很多知识产权掌握在发达国家的手里，很难越过这些专利。所以，我们在做的过程中，要加一些稀土做出自己的特色，才能拥有自己的知识产权。

吴文远：

我还有一个问题，从我们搞稀土原料来讲，您需要稀土材料的纯度，到底有多高，涉及分离的时候要用。另外对某一种元素来讲，其中一种元素对其他临界元素要求降到多少。

张洪杰：

目前用的稀土纯度一般是99.99%，没有用高纯的，提纯的过程中，纯度高，肯定是好的。纯度为99.9999%会好很多，有一点杂质就会影响很大，纯度方面是有要求的。

吴文远：

也就是说我们分离的一定要跟上那么大用量的，将来那么大用量，现在要求稀土纯度普遍就是99.99%，99.999%，到99.9999%，我们怎么面对？

严纯华：

刚才我注意到一个问题，做化学的可能不太关注的，测量它的发光性能的时候，往往以最低的电压，然后取一个最高效能的电压，不同材料会有不同特性。作为一个产业先导或者是引导，可能在这里还要加一点，我个人理解，为了引导出台标准,于是在这样一个体系里面,或者是光源的制造技术里,或者是已有的成套系统配套起来,相对标准可能也比较关注。

张洪杰:

你说的这个非常对,人家看我们的标准,所以我们在实际工作中要建立我们自己的标准。

严纯华:

真正成为应用,一个是专利,知识产权,另外一个就是标准。

张洪杰:

这个是很重要的,以后真正应用之前,这些标准都要有。因为没有,将来人家国际上提出来这个事情,我们很难应对,所以严老师这个建议还是很重要的。

黄春辉:

目前来说稀土最大亮度和 IR 比还没有达到那个高度,我们为什么还做呢?一个是稀土有潜力;第二个,地球的铱含量要比稀土少很多,大家都用起来,就没有了。

早上大家也都说到这个问题,稀土不断发现,各个国家都说自己也有,也在那儿做稀土的科研工作,如果地球上的储量多,这个事情就好办了,稀土的价格就会便宜很多。虽然稀土电致发光的最高亮度比不上铱的最高亮度,但是一般来说,应用上我们不需要几万 cd/m^2 的亮度,实际上一百个或几百 cd/m^2 就够用了,这个稀土就没问题。不能说稀土比铱还好,铱也好,稀土在应用上接近铱,但是还不如铱,但从储量和价格来说,稀土要比铱便宜很多,特别咱们中国,刚才廖总说了,马上就要出来 99.9999% 纯度的稀土了。

廖春生:

"863"计划中也要求 99.9999% 的稀土元素。

黄春辉：

要求这个也是很重要的，有时候我们实验室用稀土的时候，第一看稀土本身纯度，第二看稀土跟非稀土杂质的含量。这个有时候也有问题。

廖春生：

现在纯度基本达到 99.99999%。

黄春辉：

重金属对稀土发光也有很大的影响，一块讨论有很大好处。

前些日子我们买了好多稀土，来对比究竟是什么问题。常常这些事情我们也花很多时间，不同来源的稀土亮度也不一样。钙，铁这些含量不一样的。

张洪杰：

我们买的纯度标的是 99.999% 或 99.9999% 的稀土，实际纯度达不到我们的要求。

黄春辉：

常常是这样，我们买纯度是 99.99% 的稀土或 99.999%，买了好多，但做出来不好。后来我们拿来比，发现纯度不对。

李永绣：

不一定非要那么纯的，亮度比这个还要高。

黄春辉：

这要看掺什么？

李永绣：

有的时候杂质不一样，效果不一样。

张洪杰：

电致发光要镀膜，所以纯度不够，会有影响。

稀土配合物电致发光研究进展

◎ 卞祖强

刚才张老师已经很全面地介绍了稀土在 OLED 方面的应用。这里,我具体补充一下,我们课题组在黄先生领导下所做一些具体工作的进展。

OLED 作为显示应用已经开始产业化了。这是今年 LG 发布的一款 55 英寸的 OLED 显示器(图略),但是它的价格比较高,上万美金才能买到。

尽管 OLED 已经开始产业化,但我们仍然坚持做稀土电致发光,主要是基于稀土发光色纯、效率高,是理论上最合适的电致发光材料。此外,稀土价廉,而且实现稀土电致发光材料的产业化,可以拥有自主知识产权。

稀土电致发光研究的瓶颈在于稀土离子半径大,配位数高,很难获得一个稀土配合物能同时满足作为一个优异电致发光材料的要求。研究稀土电致发光材料主要从这几个方面来着手,即提高光致发光效率、载流子性能、热稳定性以及成膜性。

从优化材料的角度出发,首先要提高材料热稳定性,只有材料的热稳定性好,才有可能制作成器件。在解决热稳定性前提下,同时考虑其光致发光效率,以及如何提高载流子传输性能。我们在这方面做了一系列的工作,显著提高了稀土配合物的电致发光效率。

最近我们通过配体分子结构设计和优化,合成出一类具有很高光致发光效率、紫外耐受性好的稀土铕配合物发光材料,发光绝对量子产率高达 84%。尤其是其同时具有良好的载流子传输性,高的热稳定性,能够升华成膜,满足了作为电致发光材料的所有要素,其电致发光器件效率创了文献同类材料的最高纪录。

我们将这类材料用于 LED 下转换,制得红光、白光器件。因为材料紫外下很稳定,即使未封装,发光数百小时未见明显衰减。

耐紫外性能是制约稀土配合物发光材料应用的一个重要瓶颈。20 世纪 90 年代末的时候,很多人开发农用转光膜,希望通过利用稀土配合物发光材料,将紫外光转换成可见光,提高光效,从而提高农植物产量。但实际运用中,遇到的一个严重问题即是,许多高效发光的稀土配合物均不耐紫外。这是我们的材料 [NaEu(8mCND)₄] 和文献报道的材料 [NaEu(TTA)₄] 对紫外耐受性的比较。

从图 1 中可以看到,以前用的材料几个小时后,发光效率即衰减下来,而新材料,基本保持一条直线,不降解。

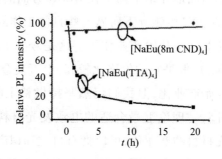

图 1 [NaEu(8mCND)₄] 与 [NaEu(TTA)₄] 对紫外耐受性比较

在稀土铱配合物电致发光研究中,我们利用新材料、新技术也实现了效率的突破。器件效率在低电流密度下,已经和商业化的铱配合物接近,在实际使用亮度 $100cd/m^2$ 时也有 30cd/A 以上的电流效率,达到 2013 年结题的 "863" 项目的要求。器件寿命正在测试中。从目前的研究结果看,稀土配合物应用于 OLED 显示材料完全能够实现!

严纯华:

黄先生他们做的这种材料非常有用。据从事防伪研究开发的人讲,以前稀土发光材料如 $Eu(TTA)_3$ 体系在正常日光下一个星期就看不到发光了。现在国内用的防伪材料主要是进口的,从德国进口的,护照、造币等都用国外进口的,放上几个月还稳定。

张洪杰：

肯定是一个好东西，因为这种材料特别少见。它的成本如何？

卞祖强：

据说，现在 LG 和 Samsung 在 OLED 中用的发光材料还是荧光材料，每克数十到数百元人民币不等，但荧光材料效率低。市场销售的磷光材料价格现在大都在每克数千元人民币，很贵。我们这个材料的原料成本大概在每克几元人民币，可以预见，附加值非常高。

此外该材料也可用于 LED 下转换材料，LED 缺红粉，目前市场进口氮化物红粉，价格非常高，每千克要 20 万人民币。

黄小卫：

有机材料的稳定性如何？

黄春辉：

这个材料是在八羟基喹啉铝的基础上衍生出来的。八羟基喹啉铝应用于 OLED 寿命挺长，类似结构的材料应该没有问题。并不是说，凡是碰见有机的东西它就不稳定，得先找它不稳定的原因，我们一点一点地找，一点一点修饰，一点一点摸索，才得到现在这比较好的结构。我们还在继续做，寿命如再做长一点，附加值应该是很高的。

张洪杰：

亮度已经超过了使用要求。我觉得将来如果器件进一步优化，再做可能要超过铱材料，器件很重要，还有很大的空间。非常有希望的，现在国际上做稀土的也都停了。你们一定要把专利保护好。

严纯华：

我觉得就像刚才那一个化合物，现在假如真的能够取代德国长效紫外荧光材料,就在防伪一个领域,在国内市场一年就是上亿元。在国际上更不要说了。稀土发光材料应用于农用膜到现在已经有 30 年的历史,但是始终没有解决转光膜当中稀土材料的稳定性问题。

李星国:

稳定性很重要,紫外稳定性试验有无一个标准?

黄春辉:

我们自己尝试的。利用紫外灯直接连续辐照,紫外功率多少?

卞祖强:

340nm UV 辐照,$1mW/cm^2$ 即 $10W/m^2$。

张安文:

我关心稀土用量的问题。假如能够应用于农膜,大概需要稀土的量是多少?

卞祖强:

参照现在转光农膜里荧光剂的用量,大概一吨农膜加 1～2 千克稀土配合物,稀土配合物含纯稀土在 20%～25%,即每吨农膜需 200～500 克稀土,若每年生产的百万吨农膜有 30% 制成转光农膜,稀土的消耗在 60～150 吨。

张安文:

紫外光能转化多少,20% 可以转化吗?

卞祖强:

应该可以,看膜厚和添加转光剂的量。

黄春辉:

对农植物来说,需要留一点紫外光,植物生长主要需要蓝光和红光。

多功能稀土上转换纳米复合发光材料的控制合成及其在生物医学领域的应用

◎林　君

　　首先简单介绍一下稀土上转换发光材料,包括其主要特点和应用领域,然后说一下我们做的工作。上转换发光就是通过近红外光激发,通过这种连续的能量传递,使它产生可见光,包括400~700纳米的可见光,700~1000纳米正好是生物检测窗口,所以上转换发光材料用于生物检测时穿透深度比较大,生物体自身荧光比较弱,可以提高检测灵敏度,生物组织光损伤小,细胞毒性低。

　　稀土上转发光材料合成之后,表面有很多有机配体,是疏水的,可以通过配体交换、硅烷化、配体氧化等方法使之变成亲水的,便于生物医学应用。

　　再一个,稀土上转换发光材料发光颜色是非常丰富的,可以通过很多方法进行调节,对在各种领域应用具有很重要的价值。首先是改变基质的组成,可以调整发光颜色,如锂与钠取代,可以对发光颜色进行调节。再就是调整不同稀土离子掺杂,改变掺杂离子的种类,控制掺杂离子的浓度等来调节发光颜色。

　　稀土上转换发光材料的应用,尤其近七八年来是一个非常热的研究领域。严纯华老师在合成方面做了非常好的开创性的工作。

　　总结一下这方面的应用,主要包括这几个方面:利用稀土上转换发光材料独特的发光特点,在生物影像、药物传递以及传感领域,也包括光动力学治疗和基因传递等。另外在硅太阳能电池转换材料,提高紫外和红外光的利用率方面也很有前途。

　　稀土上转换发光材料在生物医学领域的应用:多种模式的生物影像。通过这种多种影像技术的组合,达到综合诊断的目的,如稀土上转发光材料用于传感,检测蛋白质、核酸、谷胱甘肽、生物分子和组织,也可以检测细胞内的一些离子。光动力学治疗方面,PDT 是以光、光敏剂和氧的相互作用为基础的一种新的疾病治疗手段,基本原理是在特定波长的光辐照下,光敏剂药物分子被激活并将其激发态的能量传递给周围的氧分子,产生单态氧杀死肿瘤细胞。

在其他非生物领域,上转换纳米晶可以分散在透明的聚合物基质中,使其产生立体显示,如 PMMA 体系中,进行三维成像。

下面介绍我们一些在这方面做的工作,主要是上转纳米发光材料以及复合材料控制合成与性质方面,包括空心结构的上转纳米材料的合成。整个我们组的工作,多种形态结构材料控制合成,包括薄膜,粉末纳微米,FED 以及 LED 的应用;再就是多功能纳米材料的合成,其同时具有发光、磁性和载药功能、可以进行药物传递和疾病治疗,生物成像。

下面介绍一下我们最近的工作。首先是空心结构纳米材料的发光材料的制备。为什么做空心结构材料呢? 主要是可以用它来装载药物分子。我们通过沉淀方法得到均匀的稀土碱式碳酸盐微球,将其通过水热过程与各种无机盐反应,就可以制备这种均匀的空心结构的材料。通过这种跟磷酸盐反应可以获得空心的掺杂的磷酸镱,这个材料具有空心结构,同时在红外光激发下可以发射很强的绿光。该材料本身具有很小的毒性。因为这个材料具有多孔结构,可以装载药物分子,具有缓释性能,释放速度也是跟体系酸碱度相关。在 pH 值稍微低的情况下释放得比较快,pH 值中性释放的稍微慢一些。发光强度随着药物释放的增多逐渐提高,逐渐恢复到原来的水平。

同时我们把这个体系装载阿霉素后对癌细胞具有杀伤力,与纯的阿霉素基本相同。研究细胞的吞噬情况,红外光激发下,细胞发出绿光,表明粒子被细胞吞噬。

核壳结构纳米复合发光材料,纳米晶。这个体系同时具有这种成像和装载药物的功能;吸附药物之后发光减弱,对正常细胞,不加药物的时候会有非常小的毒性;药物释放可以通过温度来控制,体系进行核磁,药物释放情况研究,具有多种功能。

抗药药物阿霉素和顺铂,在传输过程中有很大的毒副作用,通过这种键合,控制药物的释放,可以降低其副作用。这是阿霉素这种药物吸附到上转换发光之后,阿霉素可以吸收红外光,随着阿霉素浓度的增加,发光减弱,可以通过监测红外光发光检测药物释放情况,同时这个体系对癌细胞杀伤作用跟纯阿霉素基本相当。

顺铂药物通过羧基和氨基反应与上转换纳米晶结合在一起,此时药物没有毒副作用了;在肿瘤组织的酸性体系下,药物分子通过水解再释放出来,杀死肿瘤细胞。这方面研究面临的主要挑战包括:①采用更加简便绿色的方法一步合成出高质量、水溶性的 UCNPs。②开发使 UCNPs 兼具高生物相容性和发光量子效率的表面改性方法。③如何在 UCNPs 表面定量地负载功能化分子如光敏分子、抗癌药物等在 PDT 及载药应用等方面具有重要意义。④在充分了解稀土上转换发光激发和发射机理的基础上,提出更有效的发光调控方法(如调控发光范围、强度、色纯度等),利用 UCNPs 的自组装开发二维乃至三维新型光子晶体,扩大其在显示、照明、通讯等领域的应用。

黄春辉:

刚才卞祖强老师讲的上转换,即从高能紫外变低能可见光这一方面内容,林老师讲的从红外光怎么吸收能量比较低的光子,也转换成可见光,这是从两个方面来看稀土的发光。这部分由于它要同时吸收两个能量比较低的光子,再发出可见光,其发光效率比较低,也是可以应用的,但是穿透能力有一定的限制。比如说可以穿透老鼠,人体穿透还有一定难度。复旦大学李富友的研究认为,在手术的情况下开膛,怎么检测,对有害那部分,肿瘤或者是什么,开了以后照,还是可以的。从这两个方面来说,紫外转到可见,从红外转到可见,这是稀土发光领域正在做的工作。

张安文:

光电转化效率方面,有没有数据?

林　君:

现在报道的纳米上转换材料量子效率在 1% 以下,体材料的量子效率可以在百分之十几。

严纯华：

到现在为止在国际上测量量子效率的方法还没有建立,福建物构所开发了这方面的测试设备,纳米材料经过修饰之后其量子效率可以达到3%,已经很好了。

黄春辉：

过去报道大概是低于百分之几。

严纯华：

千分之几,上转换发光效率很高了,已经达到了84%。

黄春辉：

因为上转换要同时吸收两个光子,稀土的上转换,为什么比其他物质转换效率高是因为稀土能级多。同时光子还可以在那儿待一会儿,现在我们测量是有2%~3%了,过去只有百分之零点几。

张安文：

光伏电池。

黄春辉：

现在初步做的情况是这样的,上转换的时候本身量子效应比较低了,可能提高一些,但是它本身覆盖层也要吸收一些可见光。从已经发表的数据来说,它可以给上转换提高10%,同时使得可见光的吸收少了一部分,所以不算太多。从将来发展来说这部分可以采用其他的方法,可以考虑,还可以进一步通过量子裁减,上转换和下转换如何加起来。目前来说这方面的数据还没有。

目前已经发表的数据证明了上转换,下转换这两个部分都可以提高,但是同时也给可见光这部分占掉一些,总的提高不是很多,现在还在做。因为这部分还可以采取其他的一些手段来做。

李永绣：

弛豫速率能够达到多少。

林　君：

目前速度为零点九几，不是特别高。这个做的 0.3，体系不一样还是有差别的。钆离子含量跟体系有关系，但是这个可以测出来的。有报道在体内可以看出这个差别，加这个 Gd 纳米晶和不加这个，组织部位的对比度还是不一样的。

李永绣：

现在用的是 3 点多。

林　君：

钆的配合物。

李永绣：

应用的潜力可能也会比较大，从纳米粒子这个方面来做。

林　君：

荧光成像，把这两个手段结合在一起来做。

李星国：

目前国内几乎都是进口。钆好像在生物里面毒性很大的，目前用的也是包了很多，尽量跟细胞不接触，这个东西的毒性是怎么样的？

林　君：

我们在体外检测还是可以的，钆化合物，体内做得不是很多，但体内做起来还是需要的。

黄春辉：

关于稀土毒性的问题，两位院士做了很多研究，和现在纳米粒子里头有些结论是有矛盾的，存在形式不一样，过去认为有些毒性比较大的，它就是水溶性比较好。刚才林老师讲的，包括李富友做的，他们是用纳米氟化物，表现出来较小的细胞毒性，甚至复旦大学他们做的老鼠打进去以后毒性都不是很大。用稀土纳米材料培养豆芽，豆芽给老鼠喂进去，老鼠排出来，里面一点没有。因为本身溶解性很小，毒性的问题和溶解性有关。氟化物溶解性低，稀土出不来，所以毒性低。

李永绣：

一般游离离子是有毒的，也是因为这个原因，现在用（铵）交换的机会就多，所以进入体内之后对钆的含量下降。现在我们做纳米的话怎么来保证游离的稀土不出来，同时又保持它有一个多的水，两个贡献，一个是水的贡献，还有一个是分子量要大，配合物还是小分子，这个水分子就容易跟本体交换，效率才能够提高。氧化物，稀土离子不能出来，这样的话毒性降低，效率下降。

李星国：

是络合化合物？

李永绣：

对，怎么调这个，怎么做这个分子设计，有两个水平。另外做纳米的，把钆结合在高分子上，分子量搞大的，水分子出去效率比较高快。如果太小的话，效率降低。

会议时间
2012 年 11 月 19 日上午

会议地点
北京大学化学院 A 楼 717 会议室

主持人
张安文

张安文：

接下来还有 5 个主题演讲，内容涉及永磁材料、镍氢电池、稀土催化材料以及稀土纳米粒子。既有比较成熟的产业，又有前沿问题，希望大家对每个演讲进行深度挖掘、探讨。

中国稀土永磁及产业装备发展现状与存在问题

◎朱明刚

我大概简单介绍一下我们对稀土永磁产业发展及技术与装备进步方面的一些看法。产业状况大家都知道,这几年各大公司,包钢稀土、江西金力、天津天和、中科三环和安泰科技等都在扩产,扩产量还挺大,各稀土产地也在计划新上稀土永磁项目,这个趋势还有进一步发展的迹象,扩产量已远远超出了目前的实际需求量。还有另一特点,就是自2011年下半年以来,所有稀土永磁生产厂家订货明显减少,产量都不到产能的50%,有的厂家比这个还低,对比两种情况,这里有一个产需失衡的问题。

另外中央对稀土,包括稀土材料行业进行了整治,采取了一些措施,在这种情况下,中央企业在稀土界动作不断,收购了一些稀土的矿产资源,如中铝在江苏省收购了5家稀土冶炼公司,五矿和湖南永州政府签署了合作协议,正式宣告控制了湖南的稀土资源,中国钢研也成功增资控股山东微山湖稀土矿,稀土行业进行了调整、整合,将促使稀土永磁产业在未来形成新的发展格局。从发展趋势来看,稀土永磁经历了三个历程,第一阶段是1983～1990年,第二阶段是1990～2000年,第三阶段是2000～2010年。现在的研究方向是超高永磁材料,并进行这方面的产业技术探索。

在这三个阶段,从1995年那时,磁体的综合磁性能,即"磁能积+矫顽力"接近50,"十五"时达到58,"十一五"末达到68,"十二五"末的目标要达到70,现在已经做到了71。磁体综合性能提高,相当于节约了资源,包括稀土资源和稀土永磁材料资源,产生同样的功效,用的磁体少了,同时也节省了能耗。现在的发展方向,主要是向着低重稀土这个方向发展。从理论值来看,剩磁和磁能积的实验室水平已分别接近理论值的 93% 和 97%。而矫顽力在理论值和实验值仍相差较大,矫顽力的实际值还不到理论值的 12%。现在行业内普遍认为,矫顽力还有很大的上升空间,如何提高矫顽力,在剩磁和磁能积不变的情况下,把现有磁体牌号提高一个档次,也就是矫顽力提高一个档次,同样是一种贡献。在这方面,国内外现在主要采用渗 Dy 技术,Dy 怎么加,有这么几种办法,一种就是在速凝过程想办法使 Dy 附着在速凝带表面,速凝带渗 Dy 包括采取溅射的方法或者真空镀膜方法,像宁波材料所、我们钢研院都在这方面开展了独到的工作,并申请了专利。也有采取其他办法渗 Dy,如通过添加氧化镝和氟化镝等方法,实现 Dy 的晶界扩散,但是目前来看这一类方法不是很好,最近,日本采取一种 magrise 的渗 Dy 技术,设计、生产了一套渗 Dy 的装备,它那套设备大概一千五六百万元,甚至到两千万元左右,这个价钱不菲。但从国内目前来看,没有哪家真正开始使用这种设备进行批量生产。有几家企业已进口了这种设备,还是在安装、调试和工艺摸索的过程中。从日本渗 Dy 的样品来看,认为 Dy 进入到晶粒的边界处。

再一种情况就是采取连续烧结技术,改变了过去的单体烧结技术,可以实现节能,主要是节能耗电,生产出的磁体一致性比较好。产业化技术与装备的进步主要表现在速凝技术和装备发展,真空熔炼速凝炉的容量由过去 300 千克发展到现在的 500 千克、600 千克。前一阶段,我们去日本看到了他们为国内某些厂家生产的 1.5 吨真空熔炼速凝炉。速凝装备的进步主要是解决速凝带一致性的问题,一次甩带越多,速凝带的一致性越好,因为只有开始和最后阶段的速凝带有一些质量问题,因此速凝炉的容量现在是越来越大。

再一种是无氧技术,包括破碎技术,由过去的机械破碎改变为氢破碎技术,这个技术装备主要是由国内开发的,大多数厂家都在使用国内开发的氢破碎装备,但是它主要存在安全性问题,安全性问题的关键,是在转轴和轴密封件的可靠性和使用寿命,大概只能使用几次,所有的密封件必须都换掉,更换新的。装备的进步还体现在全自动封闭压机上,解决了磁体高取向度的获得和取向压型时的低氧控制问题,现在各个厂家普遍引进了这项技术,结合连续烧结炉等装备,真正做到低氧工艺。

在磁体的表面防护技术上,现在各个厂家也都采取了不同的工艺,根据用户的要求和产品的不同进行了筛选,目前科技部支撑计划还专门有一个项目是做表面防护的。表面防护有不同的方法,包括镀锌、镀镍、镀铝、离子镀等。离子镀产业化难度大。从目前来看,电镀工艺方法在产业上占主体。

现在来讲存在的问题,先说渗 Dy,日本的 magrise 设备最早是应用在电子行业,后来那个行业不景气了,就将这种设备推广应用到稀土永磁行业,但是这个设备目前也有问题,因为要把磁体切成很薄的片,在高温下渗 Dy,这里出现一个变形的问题。尽管渗 Dy 性能提高,但是它有变形问题。再一个就是性能的比对问题,我问过一些厂家,实际正常钕铁硼磁体的生产工艺是,烧结,一级回火,二级回火,最后生产出毛坯,测试性能。现在拿这个磁体加工成薄片,再去渗 Dy,在 900℃、700℃,经过 2 ~ 3 小时的渗 Dy 过程,回来后再跟正常工艺得到的磁体进行比对,实际工艺条件不一样,如何比对,到底是高了多少,这里可能还有一些问题,这是我个人的观点。

从产业发展状况总体来看,钕铁硼永磁材料在 10 ~ 20 年间还是没有东西能替代的。而且在这个产业中,需求量确实很大的,尤其在电动汽车、节能家电和微特电机领域,如果真的发展起来了,确实需求量很大。但是,这些产业也是刚刚起步,国内一下上这么多稀土永磁厂家,扩大了产能,一时找不到销路,有可能造成市场次序的混乱。这里是长远发展和现在产业状况的矛盾,实际应该有一个逐步渐进、吸收消化的过程,目前的产业状况好像有点问题。

在汽车行业,对于 SmCo 磁体开始得到重视,实际上,以后高档汽车里会大量使用 SmCo,驱动电机需要耐高温,SmCo 磁体在 300℃ 时使用要强于钕铁硼,因为钕铁硼的居里温度只有 300 多度,而 2:17 SmCo 磁体的居里温度在 800 多度。尽管 SmCo 磁体价格稍微高一点,但是跟整体车的价格来比,多花的那点钱,简直可以忽略,这是一个发展趋势和方向。

再一个是风电领域,1 兆瓦和 1.5 兆瓦的风力发电机组一般用 1 吨左右的钕铁硼磁体,因此受钕铁硼磁体价格上涨影响较大,最近尽管价格下来一些,但还是比涨价前高。价格保持合理高位,用户是可以接受的,他们最担心价格的严重波动。双馈风力发电机组和直驱风力发电机组是目前发电市场上两个重要的发展方向,双馈风力发电机组是高速齿轮箱 + 双馈异步发电机的传动系统技术路线。与双馈机组相比,直驱永磁风力发电机组具有:省略了易于损耗并难于维护的齿轮箱部件,提高了发电效率的优点,并且易于安装维护、机组寿命长、体积小、运营成本低,尤其具有优秀的低电压穿越和零电压穿越能力,不会对电网造成威胁。因此,被业界公认为将成为新一代的大型风力发电机组的发展方向。前一段涨价,有的风电企业不敢用钕铁硼了,出于观望状态,涨的时候不敢买,太贵,降的时候也不敢买,盼望着再降一些。我问了好几家,鉴于价格波动因素的影响,永磁直驱将向电直驱转变而磁体双馈发电机重新受到关注,这是一种技术倒退,可能对整个永磁行业市场的将来有影响。

现在 VCM 存在的问题主要受到固态硬盘(SSD)的挑战,影响越来越大,可能有取代的趋势,但这没太大关系,因为钕铁硼应用新的领域总是不断开拓。

还有其他的方面,目前随着 EPS 生产技术逐步成熟,EPS 产量将爆发式的上涨。在环保家电领域,包括变频空调,也有一个更大的发展空间。当然变频空调也是存在与风力发电同样的问题,就是由于价格因素的影响,一些厂家在变频空调中恢复使用铁氧体材料,无非是空调的体积大一点,对于用户来说同样的钱,买一个大家伙和买一个小家伙相比,觉得值。忽略了稀土永磁电机的高效节能。

从发展方向来看,我们认为将来还是集中在这么几个大方向上,一个是"超高磁能积稀土永磁材料",这是人们永恒的追求。当初,纳米双相复合永磁材料模型预测了一个 110 MGOe 的磁能积前景之后,人们都在不断追求这个目标,这也始终是永磁行业发展的方向。再一个新型稀土永磁材料的探讨,前一阶段,对 1:7 材料的研究比较热,还有 3:29 永磁材料等,但这方面的研究还没有获得实用的磁铁,目前还没有。再一个就是纳米复合永磁材料,目前,这方面存在两种观点,一种是认为,原来的纳米复合理论可能有缺陷,理论模型过于理想化,与实际情况难以符合,难以达到。另一观点是认为我们现有技术装备可能做不到。

还有一个热压/热变形永磁材料,目前来看,如果要实现纳米永磁材料高磁能积的话,这有可能是最有效的实现途径之一。

再一个是高电阻、耐高温,还有特殊用途的一些稀土永磁材料。现在应用在电机方面,有可能会遇到短路等大电流干扰、电磁冲击等现实问题,好多厂家问我们,在大电流冲击下,磁体会不会发热,会不会失磁,都希望磁体不失磁,研究抗电磁干扰永磁材料,也是今后的一个方向。因为在永磁材料中,过去老是强调磁能积、矫顽力、剩磁这三个指标,现在随着在不同行业中的应用,实际上又有好多新的指标出现了,代表了新的性能,新的磁体。新的研究方向包括:"多相、亚稳、多尺度"组织控制技术;成分和微结构对其动态磁化、反磁化的行为的影响机制(理论上研究);研究热压/热流变纳米磁铁的制备技术和变形诱导相变理论。热压过程是在较低的温度下进行,在800多度热形变,有一个诱导相变的过程,最后形成钕铁硼的主相,使主相的体积分数更大,还须在这方面做详细的工作。再一个将分形理论等用于磁体的断口描述,或用于自组装纳米结构磁性材料形貌特征的识别。

再一个研究高电阻率,材料微磁结构和磁性的关联,研究长寿命永磁材料理论和它的表征技术。在这方面目前咱们基本上是有空白,因为永磁材料总共发展30多年,现在用户已对产品提出了寿命要求,一般要求30~40年,甚至50年。要求磁性能基本不衰减,或衰减率小于某个值,一般是千分之几或万分之几。温度系数要达到十万分之几,最起码也要找出一个规律来,用户现在给我们提出那么高的要求,这方面已成为今后的研究方向。

刚才说到了超高磁能积磁体,在这方面有什么做的?实际上,现在的烧结永磁材料理论,都是基于过去的单相永磁材料理论建立起来的,在讨论矫顽力机制时,更多地关注晶格的不完整性,将第二相看成脱熔物或杂质,实际上我们知道烧结永磁体是一个复合结构,尤其现在加了Dy之后,钕铁硼和镝铁硼是不同的相,在研究它们之间对矫顽力的影响方面有很多文章要做。再一个是钐钴高温磁体磁化与反磁化机制到底是什么,是不是我们常温情况下的钉轧机制。

再一个就是纳米永磁材料,现在我们由小到大,由大到小两方面去做。包括跟北大合作,现在化学方法存在一个问题,就是离实用太远,首先是制备条件太苛刻,而且生产量太小,我们曾希望制备出一个能够测试的、几毫米高的磁体,但没有做成,目前来看,如何做出使用磁体,还存在许多要解决的问题。

产业化进程方向。今后的方向,从产业化角度来讲,就是使烧结磁体的综合磁性能达到70~75这个范围,今后5~10年,应该是向这个目标发展。

生产装备面临的问题。目前,好速凝炉中的速凝辊还是日本引进的,甩出来的速凝薄带质量就是好,咱们国内现在生产的辊还达不到这个效果。其实,国内有些装备实现了国产化,但关键部件还是进口的,好多东西国内还做不出。

热压/热流变磁体产业化的问题,目前,热压磁体还很难实现大规模的产业化。只能是小批量的,一年生产几千件,几万件可以,但像烧结磁体那样,目前做不到。这里面有一个连续热压技术和装备的问题。现在连续热压技术是基于背挤压原理,由于钕铁硼磁体的塑性较差,采用背挤压技术,难以保证均匀性,并实现可靠性、一致性连续生产,当然,还有其他方面的问题。最近,我们又提出新的专利,试图解决上述问题。

总的来讲,我们觉得稀土永磁产业还应该是一个光明的产业,尽管一年多来,受稀土价格上涨、全球经济形势下滑等各方面影响比较大,但是从长远来看,稀土永磁材料是稀土应用领域中最重要的一个产业,具有不可替代性,稀土永磁行业的发展明显影响了稀土价格的起伏。目前,稀土永磁行业的兴衰,直接影响了稀土行业的命运。

严纯华:

我们在渗 Dy 方面做了很多非常细致的工作,包括在渗 Dy 当中,渗 Dy 的深度与它的迁移速度,整个渗 Dy 的控制方面,渗 Dy 的机理,或者说工艺,参数是自己的一套,还是基本上跟着别人做?

朱明刚:

有关渗 Dy 技术,我们有自己的一套办法,也拿出了样品,国内一些厂家要买那些设备,提供了一些样品,拿到日本去渗 Dy,得到一套数据。还有咱们用别的办法渗 Dy,也有一套数据。我了解,现在的 magrise 渗 Dy 技术,还缺少两个关键数据,一是完成一次工艺过程,共消耗多少 Dy,应该有个核算;再一个是 Dy 到底渗到哪里了。只能说是大概的,减少了 Dy 的用量,Dy 沿晶粒边界扩散,进入富稀土相,准确的数据目前还拿不出来。

严纯华：

我们在日本开会的时候也讨论这个问题，必须要先做切片，然后做电镜，他们发现做切片的过程当中，因为有摩擦生热，可能发生变化。还有，这么一个超薄的样品，在电子速的照射下，也会形成相变。

朱明刚：

对，难度大。

严纯华：

等你看到那个东西的时候可能就不是当时那个东西了。

张安文：

将来在钕铁硼磁体长期使用过程中，对磁性进行模拟的一些试验手段、装备等，长远看是存在问题，振动实验和温度测试是没有问题的，其他方面会有什么影响？

朱明刚：

现在，我们那儿有一些测试设备，是改装的、三综合的，能同时给出振动、湿度和温度参数。对于大器件服役特性的检测，我们拿到北航，专门有一个环境失效实验室，但是这方面有难度，对振动情况，尤其动态下磁性测量的一些数据就不是那么准了。比如说现在十万分之几的精度，咱们仪器都达不到那么高，这确实有一些问题。但是这方面军方要求越来越高，一旦他们的实验出问题，首先找材料问题，要得拿出证据来，说明你这个材料好，其实这个实验过程中，包括电子设备，所有设备都可能产生影响。

张洪杰：

SmCo 磁体高温性能好，其应用怎么样？

朱明刚:

使用 2:17SmCo,这是我们的预测,今后高档电动汽车的驱动电机,可能要用,它就是稳定性好。

严纯华:

2:17 SmCo 磁体的居里温度在约 800℃。钕铁硼的居里温度只有约 300℃。

黄小卫:

SmCo 在汽车发动机上用,磁能积能满足要求吗?

朱明刚:

SmCo 的磁能积已能做到 28、29 和 30MGOe 左右,应该也是够了。因为现在用的高矫顽力牌号的钕铁硼磁体,磁能积也是在这个范围内,在 30 以上,40 以下,30000 多的矫顽力。

黄小卫:

这个成本也差不多了。

张洪杰:

用别的替代,本来那个非常好,

吴文远:

现在丰田的电动车,是用哪种材料?

朱明刚:

目前来讲,SmCo 磁体还没有完全进入汽车市场,具体用什么牌号,不知道。

林东鲁：

汽车讲究可靠性，要求很严的。

黄小卫：

纳米永磁材料性能要高很多，为什么老做不出来，这个难度在哪儿？

朱明刚：

关键是磁粉细小了之后，从制备技术上来讲，磁性材料将产生团聚，很难分散成理想的软、硬磁相均匀分布的理想情况，才能有交换耦合作用，这是一个是情况。另外一方面是氧化问题，你说的没错，磁粉细了以后，越细越容易氧化。还有是在制备的过程中，如热压的情况下，如果铁含量特别高了，流变性特别差，最后压不动了，这个也是一个难度。现在有人怀疑这个理论是否对，因为过于简单，换句话说，软磁、硬磁交换耦合模型很难与咱们制备的真实磁体相对应。

朱明刚：

理想化了，现实很难做出来。

黄小卫：

国外说做到磁能积至 100MGOe 以上，有没有这个可能？

朱明刚：

现在还没有这方面的最新报道，因为我们知道，达到 100MGOe 以上，还是原来的纳米复合永磁模型推算的结果，其他的现在没有。

黄春辉：

Dy 大概的含量是多少？因为天然分布中 Dy 的分布是比较少的，用量大概渗进去多少。

朱明刚：

这也是要研究的，希望用的越少越好，掺多少要依据对磁体不同性能的要求，目前来讲，掺的越多矫顽力越高。但是咱们希望掺的少，目前国内企业有掺到 3% 以下，得到 20000 多的矫顽力。但是日本报道说，不掺 Dy，矫顽力就能达到两万，平均晶粒尺寸大概在 1 微米的样子，那么小的颗粒，在技术上各家还在独立研发。

严纯华：

我们现在这方面的工作不够细，你可能以为掺进去了 5% 左右，效果可能只有 2%、3%，有的没成相，可能有这种情况。

杨占峰：

以前不用钐钴磁体是因为钴贵，现在钴便宜了。但是，如果钴要是涨起来，是不是钐钴磁体也就涨起来了？

朱明刚：

有可能，这是相互的。钴这几年的价格是历史上的最低点了，是否往下走，我们还不知道，现在确实最便宜。以前钴的价格出现过 40 万元/吨，80 多万元都到达过，现在是历史上最便宜的。我们现在想存点钴，但是资金不够。

严纯华：

成百吨才能够影响。

饶晓雷：

还有，现在说钐便宜，是因为钐没人用，咱们也知道钕的价格就是这么上去的，所以等到钐钴形成一定量的时候，钐的价格肯定也上去了，这个价格不好估的。实际钐钴还是在非常特殊的领域可能稍微用一下。

张安文：

钴在地壳的丰度会不会比铌要高一点？我还有一个问题，对于磁性材料新的相，国内外研究情况如何，要不要做一些前期的研究？

朱明刚：

现在确实在做，也确实应该做，按过去来讲新的永磁材料每到 10 年就应该发现一个新的材料，结果这个钕铁硼出现之后，30 年了也没有新的了，还没有能替代它的。但是现在确实都在做，包括前阶段比较热，研究 1:7 型永磁材料，后来做 3:29 型永磁材料等，这些都是冲这个方向做的，包括杨应昌院士做 1:12 型永磁材料等。现在还没有发现能超过钕铁硼的，但是现在还在做，就想在这方面有些突破，确实也应该做，如果我们将来做出来，知识产权就不受限了。

黄小卫：

铈这一方面怎么样？

朱明刚：

对，现在铈这方面我们做的还是可以的，现在铈替代钕，我们在这方面做了一些工作，就是想把过去低端的钕铁硼替代掉，矫顽力能达到 15000 以下，在 9000～15000。

张安文：

全是铈吗，还是有其他的稀土元素？

朱明刚：

还是有一部分的，现在我们做得好的话，实际已经不能称为钕铁硼了，钕的含量已经小于 50% 以下了。因此，我们称为铈磁铁，不是过去钕铁硼的概念了。

严纯华：

装备的问题，实际在过去 10 年里，特别是最近 3 年，虽然有些关键设备开始部分国产化，但是核心设备还在日本人手里。我们的瓶颈问题是属于加工问题，还是包括轧辊的材料问题，还是控制问题，还是什么样的毛病？

朱明刚：

我觉得可能还是材料问题，咱们的速凝辊用的是紫铜或是什么铜，日本的不一样，还是材料问题。

严纯华：

因为从材料上来说，就像轧钢，就是软硬度的问题，是高速运转过程当中的一个软硬适配的事情，咱们就没有人做吗？

朱明刚：

现在国内，可能整个产业都存在这么一个问题，仿造可以，但是技术问题没有杰出人才去做，往往跟风模仿，没创新性。

严纯华：

我们的永磁材料研究水平跟日本人相比，现在几乎差不多，或者比它稍有落后，也就是一两年的时间。但工业化生产，尤其是在装备方面，离他们起码五年以上的差距，甚至更大。

朱明刚：

我们去日本看过他们的一个加工设备切割材料，加工完以后就是纳米级的精度，他们说你们连想都别想，不会卖给你们。加工出来就是纳米级，咱们的加工设备做半天也达不到这个精度。日本、德国的装备还不错。

粘结稀土永磁材料的现状及其发展

◎胡伯平　饶晓雷

粘结稀土永磁材料是稀土永磁材料领域的一个重要分支,具有易制成复杂形状、尺寸精度高、韧性好、可与金属/塑料零件一体化成形、可按磁力线要求在磁体内排列磁粉、批量生产一致性和稳定性好、原料利用率高等一系列优点,在信息产业、消费电子、汽车和家用电器等领域得到广泛的应用。2014 年钕铁硼主要成分专利即将失效,国内快淬制粉的发展方兴未艾,新型钐铁氮磁粉、纳米复合磁粉的研究开发和产业化也在紧锣密鼓,而混合动力/纯电动汽车、新能源、环保节能变频家电等新兴应用领域,对高性能、高性价比各向异性粘结稀土永磁材料的呼声渐高。粘结稀土永磁材料领域正面临重大的变革。

顾名思义,粘结磁体是由粘结剂将磁粉牢固地团聚成一体形成的复合磁性材料,磁粉、粘结剂、成形加工助剂是三位一体的基本要素。磁粉制备和磁体成形则是粘结磁体的两大技术支柱,对各向异性粘结磁体而言,还增加了磁粉颗粒具有单一易磁化方向、且根据应用需求在成形时沿磁力线均匀一致排列的新要求。下面主要介绍国内磁粉制备和磁体成形技术的重要进展。

1. 各向同性快淬钐铁氮磁粉的制备技术进展

接近 SmFe9 成分的 SmFe 合金经快淬急冷和晶化后,生成 TbCu7 型 SmFe9 亚稳相,呈亚微米多晶结构,与快淬钕铁硼磁粉的金相结构类似。在合适的氮化条件下将 SmFe9 相转变为硬磁相 SmFe9Nx,再经破碎后便制成高性能各向同性 SmFeN 磁粉。与快淬钕铁硼磁粉相比,SmFeN 磁粉具有相同的剩磁、矫顽力和最大磁能积,且具有更高的居里温度和更好的耐腐蚀性。

有研稀土在 SmFeN 磁粉制备技术方面开展了广泛而深入的研究,揭示出在严格控制熔炼/快淬条件的前提下 Sm 挥发量接近常数的事实,并发现在 Sm

过量8wt%的合金可在不同快淬条件下获得理想的相结构,晶化处理有利于后期的渗氮处理。

图1是不同淬速下SmFe合金的外观图片。可以看出,合金薄带贴辊面和自由面由于冷却速度不同,外观差异很大[图1(a)]:贴辊面冷速大,合金呈微晶甚至非晶态结构,表面平滑,成分均匀;自由面冷速小,晶粒粗大,表面粗糙,且成分不均匀。图1(b)、图1(c)与图1(d)分别是在16m/s、24m/s和40m/s淬速下Sm-Fe合金放大2000倍的SEM照片,可见随着淬速升高,合金冷却速率增大,粗大枝晶的生长受到抑制,转变为等轴晶,晶粒和晶臂间距也逐渐较小,当淬速足够高时,晶粒大幅度细化,包晶反应的液相分离在很大程度上受到抑制,无宏观偏析现象,各元素的分布比较均匀。

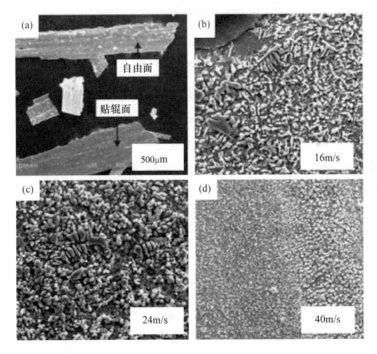

图1　不同快淬速度下SmFe合金的微结构SEM图片

实验还发现,恰当的晶化处理有利于快淬合金由Sm_2Fe_{17}结构向$SmFe_9$转化,以750℃为佳(图2)。晶化前后主峰位置不变,合金依然保持TbCu7型的晶体结构;晶化处理使 α-Fe 含量略有增加,但随着晶化时间的延长趋于平稳;晶化时间延长,主峰右侧的 Sm2Fe17 小峰逐渐消失,转变为 SmFe9 相。晶化后主峰的峰面加宽,意味着晶化后晶粒有所细化,这是磁粉氮化后具有高矫顽力的必要条件。

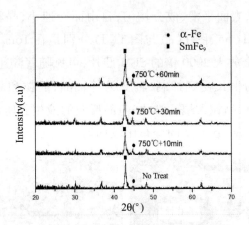

图2　750℃下晶化不同时间的 XRD 图

图3 为在750℃晶化不同时间、并在 400～460℃下氮化 8 小时后的合金粉氮含量分析。由图可见,在420℃同等氮化条件下,未晶化试样的氮含量不到晶化 60min 试样的1/4,显然晶化处理能有效促进渗氮效果,但晶化时间过分延长并不显著提升渗氮量。

经过优化工艺获得的 TbCu7 型 SmFe9N 磁粉性能参数如下:剩磁 Br =

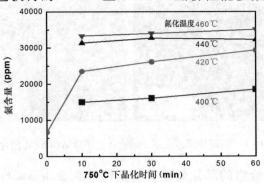

图3　不同晶化时间试样经不同温度下氮化处理后氮含量的变化

9.35kGs,矫顽力 Hcj = 8.17kOe,最大磁能积（BH）max = 16.33MGOe。这个指标与 MQI 商品化磁粉的最高牌号 MQP - B + 相当［磁粉规格:Br = 8.98 ~ 9.15kGs,Hcj = 8.92 ~ 11.56kOe,(BH)max = 15.83 ~ 16.84MGOe］,只是 Hcj 略低,但完全可以胜任常规粘结磁体的应用要求。

2. 高性能纳米晶钕铁硼磁粉的制备

中科三环、中国钢研和科学院金属所共同研究了提高纳米晶钕铁硼磁粉矫顽力的途径,方法是通过稀土置换和难熔金属元素添加来提高磁晶各向异性场和细化晶粒。研究结果表明,Dy 部分置换 Nd 不仅能有效提升 Hcj,而且能有效细化晶粒,增强晶粒间的交换耦合效应,提升磁粉的剩磁和最大磁能积。实验制备磁粉的最佳综合磁性能为:Br = 10.88kGs,Hcj = 13.11kOe,(BH)max = 20.94MGOe。

图 4 是 Nd11.8 - xDyxFe81.2Nb0.5Cu0.5B6.0 合金不同 Dy 含量的淬态薄带 X 光衍射图谱,随着 x 值从 0 提高到 2.5,淬态样品的 XRD 衍射峰逐渐减弱,当 x = 2.5 时,衍射峰几乎消失,说明少量添加 Dy 元素可以有效加强（Nd,Dy）2Fe14B 合金的非晶化倾向。

图 5 是薄带晶化处理后的 TEM 照片:从 x = 0 到 x = 2.5,晶粒尺寸从 30 ~ 60nm 逐步降低到 20 ~ 25nm,表明 Dy 替换 Nd 在热处理过程中有效地细化晶

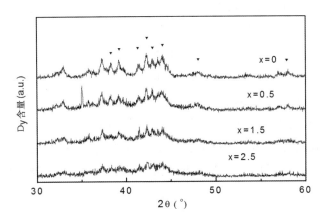

图 4 不同 Dy 含量 Nd11.8 - xDyxFe81.2Nb0.5Cu0.5B6.0 淬态薄带的 XRD 图谱

粒,均匀晶粒尺寸,从而提高晶粒之间的交换耦合作用,达到良好的剩磁增强的效果。

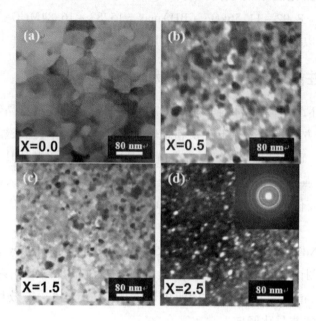

图5 Nd11.8−xDyxFe81.2Nb0.5Cu0.5B6.0 薄带经 700 ℃热处理 10min 后的 TEM 照片

图6(a)和图6(b)分别为上述热处理条件下薄带的内禀矫顽力 Hci 及剩磁 Br 随 Dy 成分变化的规律:随着 Dy 含量从 0 增加到 2.5 at%,Hcj 单调上升,这与烧结钕铁硼的特征一样,Dy2Fe14B 的强磁晶各向异性场(158kOe)起到了关键作用。但 Br 先在 x = 0.5 达到峰值,然后逐渐下降。从内禀磁特性看,Dy2Fe14B 的 Dy 原子磁矩与 Fe 的 3d 电子自旋磁矩之间为亚铁磁性耦合,Dy2Fe14B 的饱和磁极化强度 Js 只有 7.1kGs,远低于 Nd2Fe14B 的 1.61 T,Dy 的添加必然导致主相的饱和磁极化强度下降。但从微结构特性来看,从 x = 0 到 x = 2.5,晶粒尺寸从 30~60nm 逐步降低到 20~25nm,晶粒之间的交换耦合作用得以提升,达到了良好的剩磁增强的效果。上两个趋势相反的因素在低 Dy 区形成了 Br 的峰值。

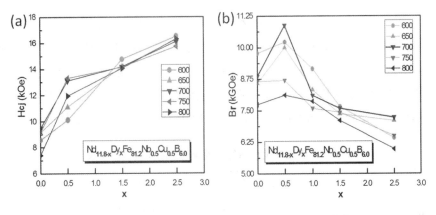

图 6 不同 Dy 含量淬态薄带热处理后的 Br 和 Hcj 分布图

3. 压延成形柔性粘结磁体的制备技术进展

由于粘结剂的性质和加工特性不同,粘结磁体的成形技术也存在压缩、注射、挤出和压延四条不同的路径,各种成形方式的典型特征列在表 1 之中。实际应用的磁体以压缩成形为主,而压延成形磁体由于粘结剂使用温度偏低,尚未市场化。

表 1 粘结磁体各类成形方法典型特征比较

成形方法	压缩	注射	挤出	压延
粘结剂	热固性树脂	热塑性树脂(PA/PPS)		橡胶/TPE*
树脂填充（V%）	15~25	30~50	25~30	40~60
磁体密度(g/cm³)	5.7~6.3	5.5~6.1	5.0~5.8	3.8~5.0
孔隙率(V%)	3~6	2~3	1~2	6~8
(BH)$_{max}$/MGOe	12	8	10	6~10
耐温性(℃)	180	120(PA)、200(PPS)		120
化学稳定性	好(涂覆)	好	较好	较差
特点	性能高	形状复杂	长/薄壁	薄/可挠曲

注: * TPE——热塑性弹性体

103

中科三环、中国钢研和银河磁体在磁体成形技术方面合作开展了工艺开发工作,其中压延成形技术以中科三环为主在开发。他们运用工程热塑性弹性体,成功地克服了磁粉填充率低、粘结剂耐温性差等关键难题,独立自主地开发出一套完整的磁体配方和压延成形工艺线路,形成了有效的中试实验工艺,制备出最大磁能积 3～5MGOe 的各向同性磁体和 10MGOe 的各向异性磁体(表2)。

表2 压延成形柔性粘结钕铁硼磁体的典型性能参数

牌号			NEOFLEX－5	NEOFLEX－6	NEOFLEX－10H*
剩余磁感应强度	Br	mT	400～500	500～550	650～730
		（kG）	(4.0～5.0)	(5.0～5.5)	(6.5～7.3)
矫顽力	Hcb	kA/m	255～295	278～334	450～503
		（kOe）	(3.2～3.7)	(3.5～4.2)	(5.6～6.3)
	Hcj	kA/m	676～756	700～732	1034～1114
		（kOe）	(8.5～9.5)	(9.5～10.0)	(13.0～14.0)
最大磁能积	（BH）max	kJ/m³	24～32	32～40	72～80
		（MGOe）	(3.0～4.0)	(4.0～5.0)	(9.0～10.0)
剩磁温度系数		%/℃	－0.15	－0.15	－0.15
最高使用温度	Tw	℃	120	120	120

注:＊采用 MQ－Ⅲ磁粉的各向异性磁体

值得强调的就是这个各向异性磁体。目前日本爱知制钢开发的 d－HDDR 各向异性钕铁硼磁粉及其温压成形技术,采用的是磁场取向压缩成形技术,需要制作复杂的取向成形模具,并在粘结剂软化温度下成形,以确保磁粉的取向度,磁体成形周期长、价格高。而 MQ－Ⅲ磁体破碎后形成的磁粉是片状的,且易磁化方向与磁片垂直,在外力的作用下磁粉呈片状排列,形成一种层状织构,正好使磁粉的易磁化轴按照受压方向排列起来(图7),从 X 光衍射峰可以明显看到磁粉的取向特征(图8)。这个取向过程大大简化了磁场取向成形,只要将磁粉换成 MQ－Ⅲ,磁体制备工艺就与各向同性磁体一样,从性价比来讲非常可取。不过机械取向的取向度限，目前仅有70％，关于取向度提高的工作在进一步推进中。

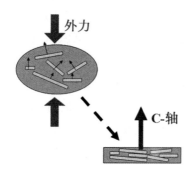

图7　压延成形机械取向示意图

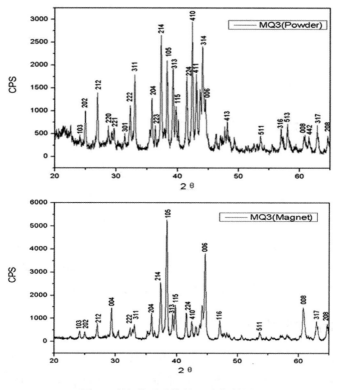

图8　取向前后磁体的X光衍射图

4. 辐射取向各向异性薄壁磁环的挤出成形

从高分子加工过程来看,挤出和压延成形的原理是完全一样的,因此利用挤出工艺,同样我们也能够得到非常好的机械取向效果,而且可以方便地制备电机应用非常看好的辐射取向磁环。图9是挤出成形各向同性磁体和各向异性磁体的性能比较。在相同配方和成形条件下,各向同性磁体的最大磁能积为8MGOe,同等密度的不取向 MQ－Ⅲ 磁体的只有 4.3MGOe,甚至低于各向同性磁体,但经过机械取向后达到 12.6MGOe,比各向同性粉的磁能积提高 50%。多极充磁磁环的表磁测量数据也显示出表磁增强了 25%。

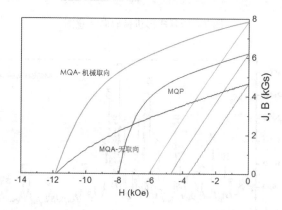

图9 各向同性和机械取向各向异性磁体的退磁曲线

粘结稀土永磁体的挤出成形工艺是日本爱普生公司开发的独创技术,中科三环下属的上海爱普生对此技术进行了消化吸收和二次开发,将其推广应用到大直径、薄壁磁环,并独创性地运用到辐射取向的各向异性磁环制备,可以制作出长 1 米以上、壁厚 0.7mm 的磁环,并且在长度方向和圆周 360℃ 都具有良好的尺寸和性能均匀性,从而确保电机应用的均匀气隙场。

5. 无镝或低镝的高性能钕铁硼

空调压缩机、发电机、混合动力/纯电动汽车等稀土永磁的新型应用领域,都要求钕铁硼磁体在 150℃ 以上能长时间使用,磁体内禀矫顽力要求在 20kOe 以上,目前主要的技术手段是添加镝。但 Dy 资源的丰度(不到 Nd 的 1%)和区域（以中国南方为主）限制，迫使西方国家开始推行低镝甚至无镝的产品研发，特别是日本在 2007 年就启动了由日立金属、信越和 TDK 等磁体企业主导，以大学和研究院所共同参与的研究开发计划，并在产品和技术开发、甚至在基础研究上获得了丰硕的成果。

（1）采用氦气流磨和密闭无压机过程细化晶粒。

由钕铁硼发明者佐川真人牵头的小组秉承烧结磁体细化晶粒提升 Hcj 的理念，克服气流磨研磨极细粉末时的低效率和严重氧化难题，采用实验室闭环氦气流磨将钕铁硼粉末的平均粒度研磨到 $1.2\mu m$，再结合封闭条件下的无压机压制和烧结，无镝磁体内禀矫顽力高达 18.3kOe（现行生产工艺分别是 $3\sim5\mu m$ 和 10kOe），他们的目标是进一步将粒度缩小到 $1\mu m$，并在无镝磁体中实现 25kOe 的矫顽力。

（2）将镝分配到主相晶粒边界，用最低含量的镝获得高矫顽力和高磁能积。

东北大学、日立金属、信越化工、TDK 和超高真空（ULVAC）分别采用磁体真空溅射、磁体氟—氧化物涂覆扩散、粉末表面附着和高真空镝升华等技术手段，将极少量的镝分配到烧结钕铁硼主相与晶界相的过渡层，在维持主相高剩磁的前提下显著提升磁体的 Hcj（$2\sim4$kOe），比熔炼合金的流程减少 20% ～ 30% 的镝用量。

渗镝技术开发的同时，引发了关于晶界相和主相—晶界相边界的相结构、微结构研究，以及矫顽力机制的深入研究，充分运用了三维原子探针、小角度中子散射、高分辨透射电镜、微粒磁性能测试、磁畴、微磁学模拟、多层膜制备和测试等微观实验和理论手段，在钕铁硼发明近 30 年后掀起了新一轮研究高潮。

（3）热压—热变形钕铁硼磁体（MQ－Ⅲ）。

在稀土原材料涨价之前，MQ－Ⅲ 磁体是在整个产业链上大家都在抱怨的产品，从 MQI 制粉、到大同制钢做磁体、到日本电产用这个磁体，都面临一个基本事实——没利润。但自从 2011 年稀土原材料涨价之后，这个行当突然引起了重视，2011～2012 年 MQI 的年产量为 7000～8000 吨，而制作 MQ－Ⅲ 的粉末就有 1000 吨，比往年翻了一番。最主要的原因就是：在同等矫顽力的水平下，Dy 含量要比烧结钕铁硼低 $2\sim3$ wt%，足以抵抗以前磁体加工成本的劣势。目前,宁波材料所已经实现了工艺和设备的国产化,并在宁波金鸡推进量产工艺。银河磁体也已计划投入 3800 万元到热压磁体项目,在 2014 年底形成 300 吨的年生产能力。

6. 关于钕铁硼磁体的专利形势

关于粘结钕铁硼磁体的成分及磁粉/磁体制备工艺基本专利已经失效,日立金属含钴及 2:14:1 相结构的专利(US 5645651)到 2014 年 6 ~ 7 月份失效,而 MQI 与日立金属就该专利签署了涉及快淬粉成分侵权的维权协议,因此粘结磁体及烧结磁体的成分控制会持续到 2014 年。现在大家都认为钕铁硼的专利限制到 2014 年就应该解除了,国内新一轮的大规模投资就是为这个做准备的。就在 2012 年 8 月,日立金属向美国国际贸易委员会(ITC)投诉,要求他们就美国专利 6461565、6491765、6527874 和 6537385 的侵权产品实施行完全排斥令,被投诉的是烟台正海、宁波金鸡和大地熊以及 20 多家相关的美国客户。这几个专利并不包括 651 成分专利,而是涉及高性能烧结钕铁硼的核心工艺过程——速凝薄片和氢气破碎制粉。这个投诉给出了一个非常强烈的信号,就是"后专利"时代日本依然拥有非常强的专利控制权。通常,关于工艺的过程的专利难以起诉,一方面是原告难以到起诉方取证,另一方面即使获得证据过程相似性也难以论证。但是 ITC 执行完全排斥令的原则不是"谁主张,谁举证",而是有权到它认为的侵权方去取证。这是美国人制定的游戏规则,不让取证就别参与游戏。因此,关于专利的抗争,中国还任重道远。

7. 结论

节能减排和新能源应用、稀土原材料的控制以及钕铁硼基础专利的即将失效,使全球稀土永磁行业处在一个变化的发展环境,从基础研究、制造技术到应用技术都在向更深层次发展,既面临新的挑战,又存在新的机遇。我们需要发挥稀土资源、人力资源、产学研用结合的优势,促使我国从稀土永磁的制造和应用大国向制造和应用强国转化。

张安文：

你刚才提到钕铁硼磨粉粒度1微米，生产上能实现吗？

饶晓雷：

用闭环氦气流磨，分子小、速度大、研磨效率高，在实验室水平达到1.2～1.3微米。然后采用无压机压制过程（PLP），压制压力不大，再进行脉冲磁场取向，最后送进烧结炉，整个过程是全封闭的。从这个工艺线路来看，日本人的技术有非常强的传承性，当年的橡皮膜等静压（RIP）就解决了粉末取向和压制分时完全的问题。他们的方向非常明确，因为相信晶粒细化就一定能达到目的，因此就一步一步往前走。

严纯华：

整个流程是全联通、全真空。氮气不行，要用氩气了。

朱明刚：

日本与咱们最大的不同在于，如果研发人员有一个想法，在工程上就能实现，马上就有一帮人把设备做出来，包括渗Dy。

张安文：

日立公司Neomax的钕铁硼工厂，自动化程度高，产品一致性好。我们当年问设备是不是他们自己做的，他们说连续烧结炉、自动成形压机、快淬炉等都是委托有关设备厂家制作，与设备厂家充分沟通合作。提高稀土功能材料装备水平，实现国产化，或以产顶进是今后重要任务。高端材料加工设备、高端分析检测仪器国产化也任重道远。关于元器件我还想请教两位，我们能不能提出一些案例，除了汽车自动助力转向装置EPS，电脑硬盘驱动器HDDR、核磁共振仪MRI外还有什么典型案例。我们不少元器件要依赖发达国家，日本人2010年提出，因得不到稀土及时供应，很多使用稀土的元器件不能按时发给中国，这就是对我们的反制。元器件、传感器、关键零部件、重大装备研制与批量生产是瓶颈和短板,解决不好我们永远是装配大国,而不是制造大国,更谈不上创造大国。这是稀土行业之外的事,当然也离不开稀土原材料的配合。

朱明刚:

这里面还有一个是标准问题,咱们进入国际市场的标准都是国外制定的。首先,在标准方面咱们占劣势;再一个加工手段咱们占劣势。两个方面迫使咱们大量原材料出口,人家再加工、进入市场,咱们直接进不了市场。

还有咱们的设备装备确实还是有落后的。比如 MQ - Ⅲ 的开发实际上跟钢研院有直接的关系,我们是最先做热压磁体的,我们与 MQI 签了一个共同研究协议,我们提供成分,他们去制粉。当然很快上到 40,后来 45、48,MQI 宣传资料就说粉的第一用户就是钢铁研究总院。后来我们觉得这事儿不能干了,不再给他们提供成分,制备技术也自己做,当时采取了好多手段,有了一定突破,现在我们做到 50、53。

像刚才严院士说的,我们在成分研究上确实不比他们落后,甚至可以领先,很快就能实现。但在工艺上,我们的学生摸索了大概两三年,始终在 42、43 徘徊,最后就是设备上的问题。后来听到一个消息,我们试了几种就成了。这个方面确实比较落后。

镍氢电池的问题与发展

◎李星国

今天我主要结合镍氢电池的辉煌和危机,镍氢电池的希望与发展,谈几点自己的体会和建议。

镍氢电池的负极材料主要是一个跟氢结合很强的元素与跟氢结合不强的元素,通过适当的成分配合,组成化合物,这样又能够吸收氢气,同时也能够放出氢气的化合物(表1)。一方面可以作为氢气储存使用,同时也可以作为镍氢电池负极材料使用,这也是目前最大应用领域。

表1 金属氢化物(储氢合金)

型号	合金	储 H_2 量(质量 %)	工作温度(℃)
AB_5	$LaNi_5$	1.0 ~	-60 ~ 100
AB_2	ZrV_2	~2.0	-30 ~ 200
AB	TiFe	1.8	-20 ~ 70
BCC	$Ti_{1.2}CrV$	2.6 ~ 3.4	-40 ~ 100
Mg-based	Mg_2Ni	3.6	250 ~ 400

镍氢电池曾经有过辉煌。二次电池中,早期是镍镉电池,那时候用得很多,镍氢电池出来以后,由于性能比镍镉电池要好很多,加上镍镉电池有毒,所以镍氢电池迅速取代镍镉电池,每年镍氢电池生产量不断增加。

镍氢电池在很多领域里面开始应用,包括电池一些电动工具、机械、通讯设备等等很多领域都在用。最辉煌的时候应该是 2000 年,当时我刚好从日本回来,那时国内发展也非常快,感觉镍氢电池前景无限。

但是从 2000 年以后情况发生了很大的变化。锂离子电池不论是功率密度还是能量密度上都比镍氢电池要高,这样对于镍氢电池是一个很大的打压,这个时候镍氢电池增长势头明显放缓了,甚至还出现了下滑。对于镍氢电池来说是一个巨大的挑战,是一个瓶颈。

2000年前镍氢电池迅速增加,但是后来锂离子电池很快追上来了,而且由于锂离子电池追赶,镍氢电池迅速下降,锂离子电池的出现对于镍氢电池发展,对储氢合金发展是一个很大的挑战,好在2005年以后下降势头慢慢减缓了,甚至镍氢电池还略有回升。

很重要的原因就是混合动力车发展起来了,从而带动镍氢电池量迅速增加。现在锂离子电池还在发展,还有很多人从事进一步提高锂离子电池的容量的开发,对镍氢电池来说还有很大的挑战。不过我觉得今后镍氢电池在下面三个方面有其优势,还有发展空间。

一是我刚才说的混合动力车现在增长比较快,镍氢电池的量在2000年开始下降以后,又开始缓慢增长,很大原因在于混合动力车电池的增长。镍氢电池跟锂离子电池相比来说,有一个比较好的长处就是安全性比锂离子电池要好很多。目前在小容量小电池领域,很难跟锂离子电池竞争,但是在大容量大功率使用时,镍氢电池安全性、稳定性的优越性就可以体现出来。

所以现在开始把小的电池组成大的电池组,供汽车使用。混合动力车是目前日本大力推进产业,尤其是丰田公司在积极发展混合动力车。丰田普通汽车燃油效率也很高,每升油可以跑到15平米,混合动力车则可以把油耗进一步的降低。现在有报道说可以跑到30平米,将近一倍。所报道的车体大小重量是否和普通车一样,我还半信半疑,估计相同条件下提高一倍还是非常困难的,但不管怎么说油燃烧的效率肯定是显著提高了,混合动力车是一个发展方向。我们国家基本也认可这种混合动力车,这也给镍氢电池提供了发展空间。

丰田汽车也在用锂离子电池,年产不到2000辆,跟镍氢电池有很大的差距。镍氢电池混合动力车有20多年安全的试验数据,而锂离子电池目前还没有。从这个角度来看镍氢电池在大功率,大能量的场合下比锂离子电池有它的优势。

所以现在日本在积极开发大容量镍氢电池,使用量也在不断增加。川崎重工业株式会社,现在已经开始在电池组这方面使用了,他们正在推广这个技术,把电池做大以后,就可以进行大的能量储存。比如火车进站的地方要刹车,就可以把这个能量存到整个电池上去;或者风能发电,如果不方便电力输送出去的风电,也可以用镍氢电池保存起来。对于汽车来说要追求轻,但在这一些领域镍氢电池效率比较好一点。所以像大的起重机、大的储存电力、大型太阳能发电储存等领域还有发展空间。我们现在加大海洋开发,中国岛屿比较多,将来比如说岛屿上风力发电要储存起来,就可以用它。对于镍氢电池来说汽车、列车等大容量大功率使用的条件下,可能比锂离子电池更有优势,这个也是它能够生存的优势,一个可以很好发展的领域。

第二个,我觉得镍氢电池跟锂离子电池相比,它的优势是电压跟普通的干电池电压接近,互换性非常好。像日本的三洋公司,就已经开发出来,用作干电池,充电的容量达到400毫安时/克,与锂离子电池相比能量密度少不了太多,可以反复使用,又是跟干电池相容的,这个也是镍氢电池一个可发展的领域。

现在这方面日本发展比较快。对于镍氢电池取代干电池的一个瓶颈就是自放电比较快。干电池放三五年还可以用,但是对于镍氢电池来说自放电比较快。一般来说放了半年,30%就消耗了,放了两年几乎没有了,所以替换干电池很难。现在大力开发低放电镍氢电池,日本三洋公司开发的"爱乐普"电池放置三年还保持电力75%,完全可以替代普通干电池,这样使镍氢电池将来能够得到一个新的市场,同时它对环境保护来说有非常大的帮助。这是镍氢电池第二个方面优势的地方。

镍氢电池的第三个优势体现在资源上。我们现在大力开展稀土研究,光和磁的应用尤其是非常巨大的,一般光或磁应用,往往是中或重的稀土元素比较多的,自然会带来大量轻稀土元素囤积,如 La ,Ce 的大量富余。镍氢电池刚好大量使用 La 和 Ce,有助于稀土的平衡发展和综合利用,这也是镍氢电池的一个优势。

对于锂离子电池来说,它也有资源问题,锂离子电池资源具体怎么样,我不是太清楚,好像也有资源限制。镍氢电池因为有大量的镧和铈的多余,在资源上反而有它的优势。从上述三个角度来说,镍氢电池不会重蹈镍镉电池的覆辙。

上述仅是我个人的一些不成熟的想法,供各位参考和批评。我们统计了一下子近年来国际、国内关于镍氢电池的一些研究动态,比如论文情况,确实像朱老师和饶总讲过的,我国的研究论文很多,而且一大半都是中国的,跟稀土荧光材料和永磁材料很接近,中国镍氢电池研究占了很大一块。按领域来划分,有关储氢合金的研究论文比较多一点（66%），还有镍氢正负极、电极改性等。

但是看专利的情况就相反了，日本这方面的专利比我们中国要多，专利是日本第一，其次是中国，美国是第三，比中、日少很多，主要是中国和日本在储氢材料上竞争。

从不同年份上来看，中国专利不断增加，原来日本比中国多，后来中国慢慢增多。但实用的还是不多，仍然还是一个问题，还得有进一步的提高。另外，从申请单位来看，排在前十名的都是中国和日本的一些单位（表2）。比如说三洋电机株式会社、汤浅株式会社、松下电器产业株式会社、浙江大学、北京有色金属研究院、比亚迪等。

表2　申请专利排行榜（前十）

排　名	专利权人	申请专利数量	占总申请专利数的比例	所属国家
1	三洋电机株式会社	61	25.52%	日本
2	汤浅株式会社	9	3.77%	日本
3	松下电器产业株式会社	9	3.77%	日本
4	浙江大学	8	3.35%	中国
5	北京有色金属研究院	7	2.93%	中国
6	比亚迪有限公司	7	2.93%	中国
7	包头有色金属研究院	5	2.09%	中国
8	三洋电机公司	5	2.09%	日本
9	GS YUASA CORP KK	4	1.67%	日本
10	GS YUASA INT LTD	4	1.67%	日本

这里面是不同的研究主题分布，还是以储氢合金的开发居多一点，然后还有催化剂、改性等（图1）。我觉得在这里面可能有三个领域在技术上发展比较突出一点。第一个就是成分的改变，通过改变储氢合金成分开发新的合金提高了镍氢电池容量，是一个很重要的进步。传统是AB5型的，后来跟AB5型的和AB2型的结合到一起，就变成了A2B7型的，这就是日本三洋公司开发出来的。这个储氢合金成为了目前研究的主流，容量比传统的要大很多，成分上的突破是一个很大的进步。第二个是甩带快淬技术在储氢合金粉体制备上的应用，原来

这种技术最早是用来制备非晶态合金的,后来用到了永磁粉体的制备,现在又开始进入到了镍氢电池上面来了,对于镍氢电池容量和稳定性的提高都有非常大的帮助。第三个重要的突破的是储氢合金表面改性,表面有一层镍,可以进一步提高电导率,增加电流。这三方面是在技术上有了比较大的提高和发展。

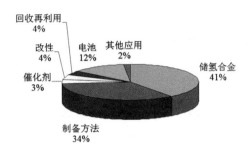

图1　不同主题的专利的配比情况

张安文:

日本爱乐普镍氢电池,折合下来与锂电池的比容量差多少?

李星国:

容量上比锂离子还是少一些,虽然说电流密度会大一点,但离子电池电压大3倍,所以能量密度上还是有差距,但是这个差距在缩小。

张安文:

锂离子的安全问题解决得怎么样?

李星国:

锂离子电池和镍氢电池将是一个竞争关系。比方说锂离子电池真的可以开发成很安全的话,镍氢电池生存空间就会小很多。但是这对锂离子电池来说是一个巨大的挑战,虽然有很多研究开发在做,但是在技术上完全解决安全问题很困难。对于镍氢电池来说如怎么提高容量是一个重要课题,如果容量能够跟锂离子电池相当了,锂离子电池就没有竞争优势了。

吴文远：

就 LaNi5 和镧镁镍这两种材料来说，在日本 LaNi5 是不是已经不做了，现在主要是做镧镁镍？

李星国：

具体没有统计，慢慢会替换。

吴文远：

现在用的一些可能还是以 LaNi5 为主，正在改进。

李星国：

镧镁镍主要是制备上，成分不容易控制。金属镁不论是它的熔点，它的密度，还是蒸气压，跟稀土元素以及过渡金属元素相差很大，所以很难控制。氢可以遏制镁的蒸发。

吴文远：

还有一个问题，现在镍氢这一块主要在混合动力车上，对混合动力车来说，我倒觉得电容量不是最重要的，而是充放速度最重要的。

李星国：

充放电速度最重要，这个也是电池厂家在积极开发的一个技术，包括我国深圳很多公司，比亚迪公司也在开发，关键是怎么提高充电速度。

吴文远：

锂电池中锂的传递速度比不上氢的速度，镍氢电池在混合动力车上有很大的发展空间。

李星国:

由于这些特性的优越,在混合动力车上目前镍氢电池还是主流。

朱明刚:

李教授我问一下,像镍氢电池它的原创性专利问题方面会不会有像钕铁硼那样的问题,就是基本成分的专利有限制吗?

李星国:

基本成分是三洋公司的。

黄小卫:

它这个专利已经过期了吧。储氢的市场没有受限制,出口没有镍氢合金专利的问题,市场不受限制,我不知道这个专利是不是已经到期了,大量从中国出口的话没有专利限制。

李星国:

镍氢电池跟锂相比会重一点,需要进一步想办法提高镍氢容量,但太阳能发电的存储,燃料电池组合的话或者是家庭用的就不怕重了。

吴文远:

我曾经与其他人研究、讨论过这个问题,汽车设计的时候在制作、设计时减轻就可以了。

黄小卫:

结构不一样。

李星国:

主要稀土比较重一点,将来我们需要使用一些比 La 、Ce 更轻的金属,如果弄得更轻容量就提上去了。三洋公司就用了镁,有没有比镁更轻的金属可以用上去还可以探索还有发展空间,虽然是一个很困难的工作,但并不等于没有可能性。

黄小卫:

成本上还是有优势的。

李星国:

原来镍氢电池比锂离子电池有优势的,现在因为涨价了以后,甚至比锂离子电池还贵一点。

杨占峰:

镍氢电池里的镧铈镍,咱们掌握不了镍的市场上价格。现在镧的价格和实际东西差得很远很远,实际上如果我们自己做电池,这个几乎没有什么成本。镧铈市场上标的价格,包括交易的价格,和实际上成本不成比例。

吴文远:

和电池价格不成比例,占的比重很小。

黄春辉:

拴住自己的手了。

李星国:

从这个角度来看,镍氢电池资源优势也许比锂的资源优势更大一些。

张洪杰:

温区是多少?

李星国：

$-20 \sim 40℃$ 之间。

严纯华：

假如要适应的温度是低温要到 $-45℃$，高温要到 $120℃$，为什么要到 $120℃$ 呢，汽车放在赤道晒4个小时以上，刚熄火以后，那个温度达到 $80℃ \sim 90℃$。这个材料本身，比如说可以在北京开，真正到非洲就有点费劲了。

李星国：

如果单纯低温，可以解决，单纯高温也可以解决，但是两个同时满足这个有困难。

严纯华：

肯定有一种设计，有它的方法。星国老师回国十多年，这是我听的最深刻的一次报告，因为其他时候他都是讲技术，讲科学，这个报告我觉得讲得非常深刻。

稀土催化材料的催化性能
◎郭 耘

　　我主要是做催化研究,催化所涉及的范围很广,稀土在许多催化反应中都有很好的应用。我个人的研究方向主要集中在大气污染物催化净化方面,结合我们的工作,谈谈对稀土催化的一点认识。

　　稀土催化材料大规模应用主要有催化裂化和机动车尾气净化。稀土交换的 Y 型分子筛(简称 REY 分子筛),被发明后很快在全世界推广应用。到目前为止,稀土交换的分子筛催化剂在催化裂化中还在广泛的应用。分子筛中引入稀土元素后,可调节分子筛的酸碱性,并使热稳定性有显著的提高。催化裂化催化剂,根据油品的来源和产品配分等的要求,对分子筛类的结构、性质等的要求不同。与国外产品相比,我国催化裂化催化剂的活性、选择性、水热稳定性等均处于同等水平,甚至更优。由于国内市场对催化裂化增产柴油的特殊需求,在增产柴油重油裂化催化剂品种的开发方面国内占有领先地位,同时国内还开发了增产低碳烯烃的催化裂化家族技术,在增产低碳烯烃专用催化剂的品种开发方面也占有优势。

　　移动源的尾气净化,主要是指汽油车和柴油车的尾气净化。机动车尾气催化剂的实际应用是在 20 世纪 70 年代中期从美国开始的,我国对机动车排放控制技术的研究起步较晚,对催化剂的研究始于 70 年代。2000 年以来,我国汽车产业的蓬勃发展,国家对环保也极度重视,加大技术开发投入的同时,不断加速机动车排放法规的推行和实施。我国颁布的排放法规与欧盟同阶段的法规是基本等同的(如国Ⅲ等同于欧Ⅲ)。以轻型汽油车的排放法规为例,我国大陆地区自 2001 年实施国Ⅰ标准以来,仅 9 年后就已实施国Ⅳ,预计在未来 10 年内基本能与国际接轨。在此过程中,由于政策的推动和市场需求快速增长,我国的机动车催化剂技术和产业也都得到了快速地发展,大大地缩小了与国外催化剂技术水平的差距。此外,我国庞大的潜在市场需求吸引了上下游相关跨国公司和国外研究机构进驻中国市场,这在一定程度上也快速提升了我国的技术水平。但目前我国的排放标准与国外相比滞后,在标准不断更新的前提下,为实现整车匹配,尾气催化净化行业也面临着巨大的压力。因此,这方面我们自主创新的能力还需要进一步的加强。不仅需要提高催化剂本身的研究水平,同时还要提高催化剂制备的装备水平,以及相关的油品品质。

大量的研究表明,稀土在催化剂中的主要作用包括:提高催化材料的储/放氧能力,调节分子筛的酸中心数目、酸强度分布,提高分子筛的结构稳定性,有利于活性金属的分散,减少贵金属用量,提高催化剂的热稳定性和抗中毒能力等。在催化领域中,稀土通常作为助剂来使用。比如,汽车尾气净化三效催化剂,实际起主催化的成分是贵金属(Pt、Pd、Rh),但是稀土氧化物是必不可少的主要组成部分,可显著影响催化剂的活性和稳定性;催化裂化所采用的裂化催化剂,分子筛为主剂,稀土的引入可起到调节酸性和稳定性等的作用。

今天我主要从两方面来介绍对稀土催化的认识:①稀土氧化物,主要是CeO_2为什么具有储放氧能力? ②稀土是否作为主催化成分?

CeO_2因具有储放氧性能而在包括汽车尾气净化在内的许多反应中得到了广泛的应用。在文献中一般提到CeO_2都认为其具有三价和四价的可变价态,所以具有储放氧能力。但是事实上大多数过渡金属都具有可变价态,可是只有CeO_2可作为储氧材料,并大规模应用。

我们通过采用DFT+U的计算方法,首先研究了CeO_2(111)表面和次表面空缺的结构、电子排布,以及对氧的活化,进而帮助我们理解CeO_2储放氧性能的起因。经研究发现:当CeO_2(111)被还原后,也就是表面或次表面产生氧空穴后,存在多种4f电子的分布方式,其中最稳定的分配结构都是在距离空缺第2近位置的2个不相邻的Ce上。

CeO_2表面存在多结构的4f电子分布方式的本质原因主要有两个方面:①结构因素:CeO_2具有非常开放的萤石型结构,一个Ce周围有8个O,这样高的配位数使得当空缺形成后,存在多种不同O离子弛豫方式来补偿空缺处缺失的Ce – O键;②4f电子因素:4f电子高度局域化使得其在CeO_2结构中并不涉及成键和断键的作用。因此,表面失去一个O^{2-},2个多余的电子被Ce的4f

轨道接受后,空缺周围的多种不同的 Ce^{3+} 的分布方式都不会引起很大的能量变化,这也是这些不同电子分布方式的空穴形成能基本接近的主要原因。

表面结构的弛豫不仅决定了 4f 电子的分布方式,其对 O_2 在表面吸附的影响也可以得到不同的 O 物种。当 O_2 吸附在表面空穴结构最稳定的结构附近时,最强的吸附是 O_2 填补原有空缺,形成过氧吸附物 O_2^{2-}。同时,由于表面空缺附近的 Ce－O 弛豫程度不深,O_2 吸附在 Ce^{3+} 时,由于周围的 Ce－O 并没有完全断裂,Ce 成键能力较弱,使得 O_2 的吸附很弱,只能是以分子 O_2 吸附存在。然而当 O_2 吸附在次表面空缺附近时,由于氧空缺在次表面,O_2 不能越过表面 O 的阻碍进入次表面形成过氧吸附物 O_2^{2-},只能吸附表面的 Ce^{3+} 上;当吸附在最稳定结构中 2 个 Ce^{3+} 不相邻的位置时,由于 Ce^{3+} 周围其中一根 Ce－O 键弛豫剧烈,完全断裂,使得此 Ce^{3+} 有较强成键能力可以吸附 O_2 形成更具催化活性的超氧吸附 O^{-2}。

在此基础上,进一步研究了铈锆固溶体优异储放氧性能的发生机理。研究表明:铈锆固溶体的体相氧空穴的形成能,可以分解成相关的键能和结构弛豫能,其中键能是固定结构中移走一个氧原子至气相所需要的能量,本质上由静电作用所控制;结构弛豫能是氧空穴形成后结构发生弛豫所需的能量。键能随着铈锆固溶体中 ZrO_2 含量的增加而线性增加,意味着 Zr 的掺杂不会引起固溶体晶格氧键的强度降低。然而弛豫能则随 ZrO_2 含量的增加,呈抛物线变化。铈锆固溶体的体相氧空穴形成能随 ZrO_2 含量的变化趋势与结构弛豫能接近,说明弛豫能对氧空穴形成能而言更为关键。当氧从铈锆固溶体中被移走,形成氧空穴后,空穴周围的 O^{2-} 会向空穴方向移动以补偿缺失的键,并释放弛豫能。铈锆固溶体优异的储放氧性能就来源于其结构弛豫。

同时,不同结构的铈锆固溶体在形成氧空穴后可产生局域或者非局域化的结构弛豫。其中 κ 相铈锆固溶体因可发生高度局域化的结构弛豫,以及具有最多的局域化结构形变单元,因此具有相对其它铈锆固溶体材料更为优异的储放氧性能。

对于稀土是否可作为主催化成分,首先这里介绍两个例子:①大比表面积的六铝酸盐负载 CeO_2,通过制备方法的改进,可以大幅度提高对于甲烷催化燃烧的活性,其性能与贵金属相当;②NO 氧化为 NO_2,该反应是机动车尾气后处理催化净化技术中的一个重要反应,采用钙钛矿型复合氧化物($La_{0.9}Sr_{0.1}MnO_3$)提高了 NO 的氧化能力,达到负载 Pt 催化剂的性能,并且具有良好的抗硫稳定性。这说明,对于某些反应,稀土可以作为主催化成分,经过制备方法和组成的优化,稀土复合氧化物可以达到与贵金属催化剂相当甚至更高的活性。

对于 CeO_2 的制备,严纯华老师等开展了大量的研究,可以制备出具有不同形貌、不同粒径分布的 CeO_2,而 CeO_2 的结构不同也会显著影响其催化性能。厦门大学的王野老师发现了甲烷经氯氧化或溴氧化制丙烯的新途径:

步骤1: $CH_4 + HCl (HBr) + 1/2O_2 \longrightarrow CH_3Cl (CH_3Br) + H_2O$

步骤2: $3CH_3Cl (CH_3Br) \longrightarrow C_3H_6 + 3HCl (HBr)$

其中对于第一步反应,CeO_2 表现出优良的催化性能,并且它的形貌对该反应有显著的影响。纳米棒暴露 $\{110\} + \{100\}$ 面、纳米立方体暴露 $\{100\}$ 面,而纳米八面体暴露 $\{111\}$ 面。细致研究了三种形貌 CeO_2 在甲烷氯氧化和溴氧化反应中的催化性能,暴露 $\{110\} + \{100\}$ 面的纳米棒状 CeO_2 在氯氧化反应中显示了较高的 CH_4 转化速率和 CH_3Cl 生成速率,对于溴氧化反应,纳米棒和暴露 $\{100\}$ 面的纳米立方体呈现了相近的 CH_4 转化速率和 CH_3Br 生成速率,而暴露 $\{111\}$ 面的纳米八面体显示了最低的 CH_4 转化速率和 CH_3Cl 或 CH_3Br 生成速率。华东理工大学的王幸宜老师考察了特定形貌 CeO_2 上二氯甲烷和三氯乙烯的催化燃烧性能也得到了类似的结果。其中(110)晶面取向的纳米棒 CeO_2 在反应温度为200℃时,二氯甲烷和三氯乙烯的转化率 > 90%,表现出与贵金属相当的活性。但纯氧化铈,对含氯烃催化燃烧的稳定性较低,容易失活。研究表明,催化剂失活主要是因为反应过程中氯在 CeO_2 表面富集。进一步采用过渡金属氧化物 MO(M = Mn、Cu、V 等)对 CeO_2 进行改性,可以提高了催化剂表面活性氧的移动性能,使表面吸附的 Cl 物种可以快速与表面氧交换,恢复其活性位,提高催化剂的稳定性。

总的说来包括以下几个方面:①CeO_2 具有储放氧性能的本质来源于它具有高度局域化 4f 电子以及结构弛豫;②稀土作为助催化剂可以调节主催化剂的状态,从而改变反应性能;③稀土同时也可以作为主催化成分,但是作为主催化成分还需要根据反应体系,对催化剂的组成和制备方法进行优化,才能使它达到实际应用的要求。据初步统计,至 2012 年 10 月 1 日,全球关于机动车尾气催化剂的相关专利多达近 30000 项。我国至今在机动车尾气催化剂领域的相关发明专利近 1000 项,且集中在 2000 年以后,并呈现出逐年增长的趋势。对于汽油车而言,尾气净化催化剂的主要组成有 3 部分:载体(主要是为董青石或者是 Fe – Cr – Al 蜂窝载体)、涂层(主要为铈锆固溶体储氧材料、稀土复合的氧化铝等)、活性组分(主要为 Pt、Pd、Rh)。各大催化剂公司所生产的催化剂基本组成相同,但在制备工艺、所选用的关键组成材料等方面有较大的差别。

张洪杰:

现在达到什么标准?

郭　耘:

这个标准一定要分开来说,对于汽油车来说,因为全国执行的是国Ⅳ标准,北京地区执行的是京Ⅴ标准,等同于将来的国Ⅴ标准。

张洪杰:

柴油车现在大概什么情况?

郭　耘:

对于柴油车,本应该在 2012 年 7 月 1 日开始执行柴油车国Ⅳ排放标准,但已推迟到 2013 年 7 月 1 日开始执行。与汽油车相比,柴油车的技术路线更为复杂。目前,对于重型柴油车的尾气净化技术,基本为直接氧化型催化剂(DOC)加上选择性催化还原(SCR)。对于轻型车而言,采用的是 DOC 和颗粒物过滤器。2013 年 7 月 1 日开始要执行新的标准,因此从技术上,国内的相关企业已做好了准备,可以满足国Ⅳ排放标准。

张安文:

现在合资品牌车的尾气净化催化装置,有人讲基本上还是进口的,或主要用外资品牌或技术。那么,国产品牌怎么样?

郭　耘:

　　现在,国内自主品牌的尾气净化催化剂已经得到了广泛的应用。目前国内最大的两家尾气净化催化剂生产企业为无锡威孚力达和昆贵研,其中威孚力达的市场份额占50%左右。我国目前所生产的汽车,特别是高端轿车,其开发基本在国外进行,这就导致了国产催化剂竞争的难度。但政府的重视、企业自身的科研投入等,都促进了国产催化剂的性能、生产工艺及设备等的快速进步,在整车匹配市场中所占份额会不断扩大。比如,昆贵研已被列为法国标致公司的主供应商。

稀土纳米粒子的毒性初探

◎李富友

稀土是我国的特色资源,如何将稀土从过去的"白菜价"转变成"黄金价"是大家都在关心的问题。稀土的生物医用提供了稀土高值化利用的一种可能途径。例如,镧在工业上应用较少,但镧元素可以用于生物医学领域。目前,碳酸镧可以作为肾脏病的药。在肾病的最后阶段,磷代谢发生紊乱,碳酸镧作为口服的药可以有效控制血液中磷的摄取。

目前已经在临床上应用的稀土材料都是以配合物形式使用。例如,^{153}Sm-EDTMP是临床上用于骨造影的单光子发射计算机断层扫描(SPECT)成像剂,同时也是骨癌治疗的放疗试剂。Gd-EDTMP是临床上广泛使用的磁共振造影的T_1增强剂。从代谢角度看,这些稀土配合物可以经肾脏、膀胱和尿道排出体外。

目前,稀土纳米粒子的研究受到了国内外同行的广泛关注,特别是稀土上转换发光粒子由于具有独特的将近红外光(980nm)转化为可见光的能力,可以有效地消除生物样品的背景荧光,在生物医学领域展现出广阔的应用前景。由于稀土纳米粒子不再以配合物分子的形式存在,其在生物体内的代谢过程将发生明显改变,因此稀土纳米粒子的生物代谢及毒性研究成为该类材料在生物医用中必须解决的关键问题。

我们研究组用了近两年的时间,试图去了解稀土纳米粒子的代谢过程和毒性。我们的研究结果表明:稀土纳米粒子通过静脉给药后,可以经胆囊、肠道,以粪便的形式排出体外。在毒性方面,我们也开展了包括血液血指标评价、免疫组化、生殖毒性、子代发育等研究,初步发现稀土纳米粒子的毒性与给药方式、给药浓度存在明显的依赖性。目前的结果还需要进一步的验证,需要更长时间、更多人员的参与,来回答和解决稀土纳米粒子的代谢和毒性问题。

总之,稀土纳米材料的出现及其在生物医学领域的潜在应用价值为稀土科技工作者展现了一个非常好的研究领域,同时也给研究者提出了诸多的问题,有待进一步解决。

朱明刚：

　　前提条件是能排出去,若排不出去,作为农用还是有毒的。

李富友：

　　现有的实验证明,口服是可以排出去的,静脉给药浓度大,排得就比较慢,需要三个月的时间。

张安文：

　　在植物里的分布情况怎么样? 果实、根、茎叶里面。

李富友：

　　现有的实验已经考察了材料在根和茎叶里的分布,果实中的分布尚未考察。放射性跟踪是最灵敏的检测手段,但也有不利的因素,放射性元素是逐渐衰变的,我们现在用的^{153}Sm,它的半衰期只有两天,无法进行果实跟踪,所以现在申请用^{177}Lu元素,半衰期为7天,这样跟踪周期可以达到一个月,可以用来跟踪在果实里的分布情况。

黄小卫：

　　研究的时候稀土硝酸盐喷施到植物上,植物不同地方分布也是不一样的,最后跟这个植物发生什么样的反应,肯定不是离子态,根部、茎部大一点,别的地方不容易检测到。

李富友：

　　就是因为过去跟踪的方法比较有限,现在用的是放射化学跟踪方法,灵敏度得到了很大的提高。这个还是要依赖于所用同位素的半衰期,半衰期越长,这样的跟踪就越容易做到,但是现在我们主要受限于要从国外定制,另外要审批。

黄小卫:

国内没有。

李富友:

国内没有^{177}Lu。

李星国:

有没有毒是怎么鉴别?

李富友:

现在更多是从能不能排泄角度去理解它,真要走长期毒性,还是各种指标,血清学等各种测试。

李星国:

能够排出去?

李富友:

相当于摄取的浓度比较低了,在血清,血液中的浓度也就低了。

李星国:

有多少可以排出去?

黄春辉:

在消化系统里,稀土磷酸盐的溶解度也是小的,所以吃进去的东西,排出来,从放射性来看还是比较干净。另外刚才他说做对照,有的老鼠打纳米粒子,有的没有打,老鼠三个月就繁殖一代,一代一代下去没有特别明显,但是这个考察时间需要更长。有很多含稀土的药物,美国也批准了一些,主要通过肾脏代谢。另外吃进去和打进去不一样,硝酸盐在生物环境中沉淀了。

张洪杰:

跟豆芽的是一样道理,问题不是太大。

黄春辉:

就豆芽来说,放稀土和没放稀土的。

李永绣:

稀土多了就长不好了。

张安文:

20世纪80、90年代就有人用稀土,但是没有跟踪。

严纯华:

核磁共振等这些技术都与之相关。提供另外一个新的思想,我们国内在讨论稀土分离的时候实际上并没有包括同位素分离。生物应用以及其他的应用研究需要同位素的时候,我们同样是没有这方面的分析,这也是一个很重要的问题。这个分离一定是要借助核技术,同时还要进行非常细致的设计与实验,在自然界中不同矿产的同位素分布也可能不一样。

专家简介

（按姓名汉语拼音排序）

卞祖强

北京大学化学与分子工程学院副教授，博士生导师。主要研究方向为有机半导体光电子材料及器件研究。在稀土配合物电致发光研究中，着重从改善材料的光致发光效率、热稳定性、载流子传导性和成膜性等方面入手，探寻新的、强的荧光材料，从理论上讨论其影响机制，并显著提高了稀土配合物电致发光性能。在有机－无机杂化全固态太阳能电池的研究中，开展从功能分子到体材料的设计与控制，探索不同的成膜条件对功能分子的生长取向和薄膜晶化度的影响规律，提高器件的光电转化效率。作为主要学术骨干参加多项科技部"973"计划、"863"计划、国家自然科学基金委重点项目和优秀群体项目的研究工作，负责国家自然科学基金面上项目 2 项。迄今在国内外核心期刊如 *Nano Lett.*，*ACS Nano*，*Adv. Func. Mater.*，*Organic Electronics*，*Appl. Phys. Lett.*，*Inorg. Chem.*，*Chem. Commun.* 等发表论文 70 余篇，申请国内发明专利 8 项（已授权 6 项），国际专利 1 项。应邀分别为德国 WILEY 出版社出版的 *Coordination Chemistry of Rare Earth* 和 *Highly Efficient OLEDs with Phosphorescent Materials* 撰写"*Progress in electroluminescence based on lanthanide complexes*（稀土配合物电致发光研究进展）"专题。

陈　继

博士。入选中科院"百人计划"，江西省"赣鄱英才"，内蒙古"草原人才"，吉林省杰出青年。现任中国科学院长春应化所研究员，博士生导师。首次制备了［A336］［P507］类的离子液体萃取剂及其萃淋树脂，系统研究了新萃取体系的萃取稀土的热、动力学过程及界面动力学传质,开展了包头矿和南方离子型重稀土的绿色分离工艺新流程研究,为符合《稀土工业污染物排放标准》的稀土分离工业应用奠定了重要的基础。主持和承担科技部"973"课题、中科院重点部署项目,国家自然科学基金等科研项目 10 余项。已培养博士研究生 10 人,硕士研究生 5 人。相关研究工作在本领域国际主流杂志发表论文 80 余篇,其中 SCI 论文 62 篇(总影响因子 170);SCI 论文被他引 700 余次,单篇最高引用率 260 余次,引用率超过 100 次的 2 篇。申请发明专利 36 项(包括 PCT 专利 1 项),授权 22 项(含美国专利 1 项)。

郭　耘

博士,博士生导师。现任华东理工大学研究员。主要从事稀土催化材料、环境催化等方面的研究工作。作为负责人先后承担了国家"973"计划、支撑计划、"863"项目、国家自然科学基金、上海市纳米科技专项项目等国家和省部级的科研项目。近 5 年发表 SCI 收录论文 50 余篇,申请中国发明专利 20 项(授权 11 项),申请国际发明专利 2 项(授权 1 项)。2005 年入选上海市青年科技启明星计划,2010 年入选教育部新世纪人才支持计划。"LPG 汽车尾气稀土催化净化器"2005 年获第七届上海国际工业博览会创新奖,"汽车尾气三效净化催化剂"2006 年获上海市技术发明一等奖,"稀土催化材料及在机动车尾气净化中的应用"2009 年获国家科技进步二等奖,"隧道空气污染物综合治理系统"2009 年获中国国际国际工业博览会创新奖。

黄春辉

中国科学院院士。现任北京大学化学学院教授及复旦大学化学系教授,稀土学会专家组成员,《无机化学学报》编辑委员会顾问。主要研究领域是稀土

配位化学和光电功能材料,涉及稀土元素的萃取分离、稀土配合物的分子设计、合成、结构及性质研究,特别是稀土配合物的光致发光、电致发光性质以及将稀土上转换纳米材料用于生物标记等方面的研究;在光电功能材料方面,着重于有机太阳能电池的电极材料、固态及准固态电解质、光敏剂等方面的工作。著有《稀土配位化学》、《光电功能超薄膜》和《有机电致发光材料与器件导论》,应 Wiley 出版社邀请编辑出版"*Rare Earth Coordination Chemistry: Fundamentals and Applications*"。此外还参加编写了无机化学丛书第七卷《钪及稀土元素》、《稀土》等专著。承担过"973"计划、"863"计划、国家基金委重大科研项目和国家"八五"、"九五"等重要项目的研究工作;先后在国内外著名学术期刊发表论文 500 余篇,曾获何梁何利基金科技进步奖、国家自然科学二等奖、国家自然科学三等奖、国家教委科学技术进步奖二等奖 2 项。

黄　昆

中国科学院过程工程研究所副研究员。主要从事有色金属冶金分离科学与工程研究,在萃取冶金物理化学、清洁分离等方面先后主持完成国家自然科学基金、国家"十五"科技攻关重点项目子课题、国家发改委重点工业试验、国家科技部院所专项基金等 10 余项科研项目。获省部级自然科学一等奖 1 项,二等奖 2 项,三等奖 1 项。已发表 SCI/EI 收录学术论文 60 余篇。申请发明专利 49 项(授权中国专利 12 项,国际专利 2 项)。科研成果通过部级鉴定 10 项。

黄小卫

教授级高级工程师。现任北京有色金属研究总院稀土研究所所长,稀土材料国家工程化研究中心副主任,中国稀土学会稀土化学与湿法冶金专业委员会主任。自 1983 年以来,一直从事稀土冶炼、分离提纯及稀土材料的研究、工程化开发、产业化与推广应用。近10年来，负责"四川氟碳铈矿共伴生资源高效利用产业化技术开发"、"绿色环保非皂化萃取分离稀土、钍、氟新技术应用基础研究"、"特殊物性和组成稀土氧化物高效清洁制备技术"、"白光 LED 荧光粉用超细稀土复合氧化物的制备"等10多项国家"863"、科技支撑、国家自然科学基金等项目的研究，主持技术转让10多项。获得授权发明专利59项（国外发明专利7项），获得

国家科技进步奖二等奖1项、中国专利优秀专利奖2项、部级科学技术一等奖3项、二等奖2项，发表论文90余篇。

李富友

复旦大学教授，博士生导师。国家杰出青年科学基金获得者。主要从事多功能材料与分子影像的研究，包括：上转换发光稀土纳米材料与应用；发光配合物与荧光成像研究。在 *Chem. Rev.*, *Chem. Soc. Rev.*, *J. Am. Chem. Soc.*, *ACS Nano*, *Adv. Funct. Mater.*, *Biomaterials* 等杂志上发表 SCI 收录论文180余篇，他引6000余次；并被美国化学会的 *Chemical & Engineering News*、*Noteworthy Chemistry*、*ACS Nanotation* 和英国皇家化学会 *Chemistry World* 等推荐介绍。

申请中国发明专利20余项（授权）10余项，曾获2003年度国家自然科学二等奖（第二完成人）、2003年中国化学会青年化学奖、2003年上海市科技启明星、2006年教育部"新世纪优秀人才支持计划"人选、2008年国家杰出青年科学基金、2010年第五届上海市青年科技英才提名奖。

李星国

北京大学化学与分子工程学院教授、无机化学所副所长。目前研究的方向为稀土金属及化合物材料、微米纳米功能材料、储氢材料、等离子体合成等。曾主持和参加过40余项包括国家自然科学基金、科技部、教育部、国际合作、国防

和省基金等项目，企业合作项目多项。在 *Adv. Mater.*，*Nano Letter*，*Nano Energy*，*ACS Nano*，*Small*，*Biomaterials*，*Chem. Mater.*，*Chem. Eur. J.*，*Chem Commun.*，*Applied Catalysis B*，*APL*，*JPCB*，*JPCC*，*Crystal Growth & Design*，*Inter. J. Hydrogen Energy*，*Acta Materialia*，*Langmuir*，*Nanotechnology* 等国内外重要学术杂志上发表论文 200 余篇。在美国 Nova Science Publishers, Inc. 出版的名为 *Progress in Nano-*

technology Research 的一书中和在 American Scientific Publishers 出版的 *Encyclopedia of Nanoscience and Nanotechnology* 的一书中各撰写一章，编著《氢与氢能》（机械工业出版社出版），在国内外学术会议上发表 140 多次，并有 20 余次大会报告和重点报告。申请了 13 项专利（已授权 10 项）。2000 年获国家自然科学基金杰出青年基金，2002 年获得了日本材料技术研究协会外国人的特别奖，2005 年获美国通用公司和基金委联合设立的"GM 中国科技成就奖"。

李永绣

博士，教授，南昌大学稀土与微纳功能材料研究中心主任。享受江西省政府特殊津贴，入选江西省中青年学科带头人和江西省主要学科学术带头人。主要从事离子型稀土资源和稀土材料的研究。早期随贺伦燕教授参加完成的"硫酸铵浸矿法提取混合氧化稀土"及其"江西稀土洗提工艺"分别获省科技进步奖二等奖和国家发明奖三等奖；随后，主持完成了"碳酸稀土结晶沉淀方法"（省技术发明

奖）、"高纯稀土产品中氯根含量控制技术"（省科技进步奖）、功能导向稀土功能材料合成与性能（省自然科学奖）、"新型稀土高速抛光材料生产技术与中试"以及多项国家和省部级科研项目的研究和技术转让。共申请中国发明专利 10 多项，美国发明专利 1 项。发表学术论文 150 余篇（SCI，EI，ISTP 检索论文 67 篇）。所在研究团队目前正主持或参与承担 5 个国家自然科学基金课题、2 个"863"课题、1 个"973"课题、1 个科技部支撑计划课题、1 项省重大科技专项和 2 项企业委托课题的研究任务。

廖春生

博士,教授级高级工程师。五矿(北京)稀土研究院有限公司总经理。1996 年开始作为负责人全面负责国家重点实验室的稀土分离工艺设计理论研究和产业化方面的工作。承担过国家"八五"攀登项目和"九五"攀登预选项目(子课题),国家计委重大和重点项目,参加过多项"863"计划项目和"973"计划项目的研究工作。正在进行的研究包括特殊物性和组成稀土氧化物高效清洁制备技术("863"计划课题)和复杂体系串级萃取理论及稀土绿色分离流程("973"计划课题)。

廖伍平

中科院长春应化所研究员,博士生导师,中科院长春应化所稀土及钍清洁分离工程技术中心主任。国家自然科学基金委优秀青年科学基金获得者。主要从事稀土资源清洁分离、稀土及钍的高纯化、与分离相关的核簇化合物研究。现主持多项研究课题,如重大科学问题导向课题"稀土资源高效利用和绿色分离的科学基础"、"973"项目课题"稀土资源中伴生放射性元素的清洁分离基础"、国家基金委优秀青年科学基金"稀土及钍资源分离"、国家基金委"先进核裂变能的燃料增殖与嬗变"重大研究计划培育项目"核纯钍分离纯化技术的应用基础研究"、中科院"未来先进核裂变能"、战略性先导科技专项课题"核纯级氟化钍制备"以及国家基金委面上项目、吉林省科技发展计划项目上、企业委托项目等。迄今,已在 *Angew. Chem. Int. Ed.*、*J. Am. Chem. Soc.*、*Chem. Commun.*、*Inorg. Chem.*、*Solvent Extr. Ion Exch.* 等国际权威学术期刊上发表论文 70 多篇,申请国家发明专利多项。2011 年获吉林省自然科学学术成果奖一等奖,2012 年获吉林省直机关青年五四奖章。

林东鲁

教授级高级工程师,中国稀土学会秘书长。担任中国稀土学会秘书长以来,多次组织为国务院研究室、中国工程院、国家商务部、工信部、科技部、环保部、国土资源部等有关部门提供信息和有关建议,为政府科学决策提供依据和参考;成功组织了多次国际、国内和海峡两岸的稀土学术会议;与内蒙古自治区包头市政府、福建省龙岩市、中国五矿进出口商会携手,促进了区域科技合作和行业交流,为稀土行业的持续健康发展,为扩大中国稀土学会的影响、提升学会的地位和作用做出了重要贡献。曾荣获国家科技进步奖二等奖、国家冶金科学技术进步奖一等奖和内蒙古自治区科学技术进步奖一等奖各 1 项,2000 年和 2005 年被授予全国劳动模范称号。

林　君

中国科学院长春应用化学研究所研究员。主要从事为稀土发光材料合成及其应用基础研究,包括:采用各种软化学方法制备了多种形态结构和尺度的稀土及半导体光学材料(粉末、薄膜及其图案化、核－壳结构微球、单分散纳米晶、有机－无机复合材料等),并对其发光等性能进行了详细研究。重点在于通过这些方法获得形貌均匀可控、性能优异的稀土及半导体发光材料以及以碳杂质和氧缺陷为发

光中心的新型高效环境友好发光材料,研究材料发光性能对其形态结构与尺度的依赖关系,探索提高材料发光强度、发光效率的各种途径和方法,以期在场发射显示、白光固态照明及生物医学等领域获得应用。相关研究结果在 *Chem. Soc. Rev*, *J. Am. Chem. Soc.*, *ACS Nano*, *Adv. Func. Mater*, *Biomaterials*, *Chem. Mater.* 等杂志发表论文 400 余篇(他引 8000 余次)。1999 年入选中科院"百人计划",2002 年获得国家杰出青年科学基金,2009 年获得吉林省科学技术进步奖一等奖。

刘会洲

博士，研究员，博士生导师。中科院绿色过程与工程重点实验室主任，所学位委员会主任。主要从事湿法冶金、萃取分离纳微结构界面调控及分离过程强化研究，先后主持承担国家杰出青年基金、国家重点科技攻关、国家"863"等多个项目。发表学术论文300余篇，合著及编写专著共9部，申请发明专利50余项（获授权29项）。获国家、中科院科学技术进步奖和自然科学奖及部委级奖9项。

牛京考

博士，教授级高级工程师。中国稀土学会副秘书长、中国钢铁工业协会科技发展中心副主任。主要从事我国稀土、黑色金属矿山、环境保护的科技管理，制定技术发展政策，开发、推广应用成熟、适用的技术与产品。先后参加过国家部委"六五"至"十一五"国家科技攻关项目计划的制定、组织和实施；组织参加了行业重大技术装备政策、国家固体矿产资源技术政策和2020年中国钢铁工业科技指南的编写工作和起草制定。组织参与实施的国家、部控重点科技项目获国家发明奖、科技进步奖、自然科学奖多项，在稀土、钢铁矿山的生产建设发展中起到了明显的促进作用，取得了显著的经济、社会和环境效益。曾获国家科技进步二等奖1项，省、部级科技进步一等奖2项、三等奖1项，行业管理二等奖1项，冶金优秀报告二等奖1项。在国家核心期刊杂志和行业报纸上发表相关专业文章50余篇，主编、执笔和参与编著专业书籍8本，译文7篇。

饶晓雷

北京中科三环高技术股份有限公司副总裁。长期从事烧结和粘结稀土永磁体的相关基础研究以及产品和技术的开发工作。作为主要骨干参加了高性能烧结NdFeB磁体的开发和产业化项目，研制了新型稀土永磁材料SmFeN，系统研究了 RFe6Sn6 化合物的内禀反铁磁特性,主持开发了耐高温粘结磁体及其制备技术和新型环保涂层技术等,并负责"863"课题"各向同性稀土粘结永磁材料制备及应用技术"的实施。发表学术论文 20 余篇,申请专利 10 余项。"新型稀土永磁材料钐铁氮的研制"项目获得 1994 年中国科学院科技进步奖二等奖和 1995 年自然科学三等奖(主要参加者);2005 年获得"中国科协求是杰出青年奖(成果转化奖)";2008 年"高性能稀土永磁材料、制备工艺及产业化关键技术"获得北京市科学技术奖一等奖(主要参加者)。

吴文远

东北大学教授。自 2000 年以来,致力于稀土资源的高效回收和清洁生产方面的科学研究和技术开发工作,并承担或参加了 5 项主要研究课题:2012 年(负责)国家重点基础研究发展计划"稀土资源高效利用和绿色分离的科学基础"项目之课题"混合型轻稀土矿绿色选冶过程的基础研究";2006 年(负责)国家自然科学基金项目"含磷、氟的 HCl－H3cit 中稀土与碱土金属元素的化学反应机理和包头矿组分回收研究";2009 年(负责)国家自然科学基金项目"P507(P204)－RECl3－H3cit 络合交换萃取分离稀土机理研究";2012 年(负责)国家自然科学基金项目"氯化稀土溶液雾化热分解制取氧化物过程基础研究";2012 年(参加)国家科技支撑项目"离子吸附型稀土资源高效提取及稀土材料绿色制备技术"。主要论著有《稀土冶金学》、《稀土冶金技术》,并发表学术论文约 100 篇。

严纯华

中国科学院院士。北京大学国家重点实验室主任、化学与分子工程学院教授、博士生导师。主要从事稀土分离、应用和功能材料方面的研究。2001 年以来在包括 *J. Am. Chem. Soc.*,*Angew. Chem.*,*Adv. Mater.* 等国际重要学术刊物上发表 SCI 收录论文 250 余篇。已获国家专利 15 件，申报国家专利 15 件。1996 年获得国家杰出青年基金资助，组织的研究团队获得了 2002 年国家基金委创新群体的支持，并因工作优秀分别获延续资助。自"973"项目启动以来连续任稀土功能材料项目的首席科学家。曾获得国家自然科学奖二等奖和三等奖、国家科技进步奖二等奖和三等奖，五次获得国家教委（教育部）科技进步奖一等奖、两次二等奖，教育部自然科学一等奖。冶金部科技进步奖二等奖，还获得了香港求是科技基金会授予的"杰出青年学者奖"、中国化学会 - 阿克苏诺贝尔化学奖等科技奖励。

杨占峰

博士。包头稀土研究院院长。主要从事地质、采矿及选矿等领域的研究，承担过多项国家级、省部级的科研项目，在地质、采矿及选矿等领域取得了多项创新性成果。获省部级奖 4 项。参编著作 3 部，发表论文 20 余篇。

张安文

教授级高级工程师。中国稀土学会副秘书长、内蒙古稀土行业协会常务副秘书长。长期从事稀土火法冶金、稀土在钢铁中应用科研及技术推广和稀土科研管理、生产、销售管理工作，多次主持稀土科研、生产、涉及重大课题和专项工作。筹备建立了国家发改委立项的稀土冶金及功能材料国家工程中心并担任首任主任，参与组建和管理国内大型稀土企业集团——内蒙古稀土集团并担任领导职务，组织和管理实施稀土院承担的国家"九五"、"十五"重大稀土科技攻关项目。作为科技部、内蒙古稀土专家多次参与国家及自治区重大稀土科研项目的立项、评审、鉴定工作。在中国稀土学会工作期间，多次组织大型国际国内学术会议，

编写出版专项综合报告多篇,多次组织为各级政府编写咨询报告、规划、计划等。

张洪杰

中科院长春应化所研究员,博士生导师,稀土资源利用国家重点实验室主任。主要从事稀土光电功能材料的基础研究与应用,深入系统地研究了反应历程对杂化发光材料、纳米热电材料、光催化材料、光波导放大材料和长余辉材料功能的影响、关联和变化规律。探讨了材料的形貌、维度、结构及织构对其性能影响的关键因素。开发了材料合成、组装和构筑的新方法与技术,取得了一系列高水平研究成果。是目前国内外上述材料研究开展的较深入和广泛的研究小组之一,为本学科发展做出了重要的贡献。以第一完成人获国家自然科学奖二等奖和吉林省科技进步奖一等奖各1项;以第一作者或通讯及共同通讯联系人发表SCI学术论文300多篇,(包括JACS 6篇,*Angew. Chem. Int. Ed.* 4篇,*Adv. Mater.* 4篇),已获授权发明专利21项。研发的稀土发光材料已成功地应用于白光LED照明和超高速飞行物体风洞测温;稀土镁合金材料已成功地应用于航天、航空和国家安全领域。1997年获国家杰出青年基金;1998年获香港求是基金会杰出青年学者奖;2001年纳入中科院"百人计划"支持;2002年入选吉林省高级专家;2009年获国家基金委创新群体"稀土功能材料的研究与应用"学术带头人。

朱明刚

博士,教授,博士研究生导师。中关村开放实验室－钢研院先进永磁材料与分析检测实验室主任。现在钢铁研究总院从事磁性材料结构和物性以及永磁器件、生产工艺和设备方面的研究工作。作为专家组成员,分别参加了国家工信部、科技部"十二五"规划稀土专项和《中国的稀土状况与政策》白皮书的编写;主持和参加完成6项"十五"至"十二五"国家"863"项目、6项国家自然基金和重点基金项目、6 项军品配套项目等。申请的 26 项发明专利中已有 12 项获得授权。发表文章 SCI、EI 文章 80余篇。所研究开发的金属永磁材料被用于"神舟"系列飞船、"嫦娥"探月工程、卫星、舰艇等重点工程核心系统。2007 年获北京市科学技术奖一等奖,2008 年获国家科学技术进步奖二等奖。

部分媒体报道

第69期新观点新学说学术沙龙
聚焦稀土资源绿色高效利用

　　中国科协新闻网讯11月18～19日，由中国科协主办、中国稀土学会承办的中国科协第69期新观点新学说学术沙龙在北京大学召开。本期沙龙主题为"稀土资源绿色高效高值化利用"，由北京大学教授、中国科学院院士严纯华担任领衔科学家，中国科学院院士黄春辉应邀参加沙龙会议。本期沙龙得到了业内专家的热烈响应与大力支持，来自北京大学、复旦大学、华东理工大学、东北大学、南昌大学、中科院长春应化所、中科院过程工程研究所、包头稀土研究院、北京有色金属研究总院、钢铁研究总院、五矿（北京）稀土研究院、中科三环等十几所高等院校、科研院所和企业的33位专家和代表参加了学术沙龙。参加本期沙龙的专家研究领域涵盖了矿产资源工程、稀土冶金、萃取分离以及稀土永磁、发光、储氢、催化、生物等稀土诸多领域。中国科协学会学术部副部长刘兴平出席了沙龙活动，并向与会专家介绍了中国科协新观点新学说沙龙项目背景、项目特点及组织原则。

　　与会专家围绕我国稀土资源的高效和绿色采选、稀土分离过程的绿色高效和高值化、特殊物性和组成稀土基础材料研发、稀土永磁等功能材料研发现状与发展等内容进行交流与讨论。专家认为，"包头白云鄂博矿有重稀土"、"弱磁铁矿磁化与稀土矿物分解一步法选冶"、"稀土联动萃取分离技术"、"稀土－有机配合物可优先应用于白光OLED照明"、"稀土纳米粒子的毒性对给药途径的依赖性"等具有很强的启发性。此外，专家还提出了一些在稀土研究领域存在的共性问题，如基础研究与应用之间的衔接、如何对待基础研究与前沿研究等。

会议认为,在本期学术沙龙中,稀土领域中的新思想、新观点相互碰撞,迸发出新的灵感,与会专家、学者踊跃探讨、交流,学术思想活跃,这将对于推动稀土研究及应用领域存在的关键问题产生重要影响,具有重大意义,希望以后继续加强合作交流。

　　沙龙承办单位对专家的发言进行了全程速记,将于会后整理汇编成新观点新学说沙龙文集并出版。来自科技日报、光明日报、学习时报、中国科学报、中国稀土在线等媒体的记者出席了本期沙龙活动。

《人民网》(2012 年 11 月 30 日)